HEIHE DIAOSHUI SHENGTAI XING

黑河

调水生态行

黑河流域管理局　编

黄河水利出版社

·郑州·

图书在版编目 (CIP) 数据

黑河调水生态行/黑河流域管理局编.—郑州：黄河
水利出版社，2017.12
ISBN 978－7－5509－1945－7

Ⅰ.①黑…　Ⅱ.①黑…　Ⅲ.①黑河－流域－水资源利
用－生态环境－环境治理　Ⅳ.①TV213.9 ②X522

中国版本图书馆CIP数据核字（2017）第320283号

组稿编辑：王路平　　电话：0371-66022212　　E-mail：hhslwlp@126.com

出　版　社：黄河水利出版社　　　　　　　　　网址：www.yrcp.com
　　　　　　地址：河南省郑州市顺河路黄委会综合楼14层　邮编：450003
发行单位：黄河水利出版社
　　　　　　发行部电话：0371－66026940、66020550、66028024、66022620(传真)
　　　　　　E-mail：hhslcbs@126.com
承印单位：河南瑞之光印刷股份有限公司
开本：787 mm×1 092 mm　1／16
印张：17.5
字数：190千字　　　　　　　　　印数：1—2 300
版次：2017年12月第1版　　　　　印次：2017年12月第1次印刷

定价：80.00元

谨以此书向长期以来关爱黑河、守护黑河的朋友们致敬！

黄委党组书记、主任岳中明考察黑河尾闾东居延海

航拍东居延海　　　　　　　　　（资料图）

青海省副省长田锦尘到黑河黄藏寺水利枢纽工程调研

内蒙古自治区副主席常军政调研黑河尾闾东居延海

黄委党组书记、主任岳中明检查黄藏寺水利枢纽工程建设

黄委党组副书记、副主任苏茂林主持研究黑河水量调度工作

黄委党组成员、副主任薛松贵检查黄藏寺安全生产工作

黄委党组成员、副主任赵勇在黄藏寺施工现场检查指导工作

黄委党组成员、纪检组长赵国训检查黄藏寺工程建设情况

4

黄委党组成员、副主任牛玉国在黑河流域管理局调研指导工作

黄委党组成员、总工程师李文学调研指导黄藏寺工程建设

黄委党组成员、副主任姚文广检查黄藏寺工程水土保持情况

黑河源头——八一冰川　　　　　　　　　（脱兴福　摄）

黑河源区祁连山高原草甸湿地　　　　　　（脱兴福　摄）

黑河上游聚龙峡大拐弯　　　　　　　　（脱兴福　摄）

诗意黑河——张掖　　　　　　　　　　（脱兴福　摄）

祁连山下　画里乡村　　　　　　　（脱兴福　摄）

戈壁明珠——东风航天城　　　　　（李玉建　摄）

8

东风航天城飞天湖　　　　　　　（李玉建　摄）

额济纳旗达来呼布镇　　　　　　（额济纳旗政府供图）

9

额济纳旗分水纪念碑　　　　　（额济纳旗政府供图）

黑河下游　金秋胡杨　　　　　（脱兴福　摄）

自 序

　　水是生命之源、生产之要、生态之基。

　　在干旱荒漠地区，水的极端重要性和人类对水的生命渴求更加凸显。作为我国西北第二大内陆河、河西走廊第一大河，黑河的负载尤为沉重。

　　黑河之重，在于源头祁连山系我国西部重要生态安全屏障；中游张掖地区为我国十大商品粮基地之一，水资源保障能力不容忽视；下游巴丹吉林沙漠边缘矗立着我国航天事业的首要支柱酒泉卫星发射中心，内蒙古额济纳旗守卫着祖国北疆，戈壁沙漠中居住着3万余名少数民族同胞，河流尾闾维系着居延绿洲脆弱的生态系统；黑河沿岸也是丝绸之路经济带上的重要节点。生态安全、粮食安全、国防安全、边疆稳固等，无一不事关大局，举足轻重。

　　自20世纪50年代起，水资源无序开发利用，黑河下游断流日趋严重，尾闾湖泊干涸，额济纳旗生态持续恶化，到20世纪末已成为我国沙尘暴的主要策源地，形成一条覆盖我国北方大部的沙尘走廊。有科学家预言：如果不采取紧急措施，20～40年间，额济纳将步楼兰、黑城后尘，成为又一个生命禁区。

　　1999年1月，中央批准成立黄河水利委员会黑河流域管理局，授权其统一管理与调度黑河水资源；2000年8月21日，黑河干流实施"全线闭口、集中下泄"的水调措施，开启了黑河历史上首次跨省区水量调度，开创了我国内陆河水量统一调度的先例。

黑河流域管理局肩负起代理国家行使水量调度之责，从体制、机制、技术、管理、法律等方面积极探索创新，妥善应对复杂局面。特别是党的十八大以来，按照"五位一体"总体布局和绿色发展理念、中央新时期治水方针，统筹兼顾上下游、左右岸用水需求，形成了流域管理与区域管理相结合的管理体制、断面总量控制与用配水管理相结合、统一调度与协商调度相结合的科学调度模式，走出了一条跨省区的内陆河统一管理的创新之路。

17年来，在流域各方配合下，黑河正义峡断面累计下泄水量185亿立方米，进入额济纳绿洲水量104亿立方米，圆满完成国务院分水目标，实现了流域生态修复、粮食生产、国防科研、边疆稳定、民生改善、经济建设等全面、协调、可持续发展，唱响了一曲绿色颂歌，展示了中国政府的治理能力。

党的十九大召开前，黄委邀请《人民日报》、新华社、中央电视台、《光明日报》、《经济日报》等多家中央主流媒体，开展了"黑河调水生态行"大型新闻采访活动，深入挖掘了黑河流域的生态理念变化、绿色发展实践和调水故事，解读了调水对于维护河流健康生命、巩固流域生态系统、构筑西北华北地区生态屏障、支撑丝绸之路经济带建设等多方面的重要作用，向党的十九大献上了一份生态之礼。

新闻是明天的历史。黑河流域管理局对"黑河调水生态行"新闻报道和流域有关方面的约稿文章予以集册出版，目的是总结过去、启迪未来，为破解类似河流问题提供镜鉴。

本书付梓之际，全国上下正深入学习贯彻党的十九大精神。黑河流域管理局将坚持以十九大精神为指引，认真践行中央有关生态文明建设要求和中央新时期治水方针，继续强化责任担当，坚持绿色发展，让河畅其流，水复其动，润泽两岸，努力实现黑河治理体系与治理能力现代化，维护河流健康生命，不断推进流域人水和谐。愿黑河明天更美好！

本书编辑过程中，得到了黄委和流域有关方面的大力支持，在此表示衷心的感谢！

由于编辑时间仓促，难免存在不足和疏漏，恳请广大读者批评指正。

黑河流域管理局

2017年12月

目 录

自　序

管理者说 / 1

弱水三千涌春潮　绿色颂歌唱新韵　刘　钢 / 2

黑河调水化解流域生态危机　李肖强 / 10

转变发展观念　创新管理模式

持续奏响黑河绿色颂歌的时代强音　乔西现 / 14

媒体纵览 / 21

荒漠中崛起"绿色奇迹"

　　——黑河调水17年，一度消失的东居延海重现新生　赵永平 / 22

"死海"重生：调水17年，东居延海重现碧波荡漾　张毅力 / 30

我国第二大内陆河科学分水　沙源湖泊13年波光粼粼　于　嘉 / 35

调活一河水　业兴生态美

　　——黑河流域水资源统一调度调查　李琛奇　陈发明 / 38

唱响"黑河之歌"　陈发明 / 47

谱就一曲绿色的生命之歌

      ——千里黑河调水记　周　华 / 50

"塞上江南"印象张掖　周　华 / 58

酒泉金塔：有水就有金塔，没水就是第二个罗布泊　周　华 / 64

内蒙古额济纳旗："怪树林"复活了　周　华 / 69

水生额济纳　欧阳新华 / 77

拼在黑河峡谷之门

      ——探访172项节水供水重大水利工程项目之一黑河黄藏寺

      水利枢纽　黄　峰　焦　伟　蔡士祥 / 87

转弯，遇见更好的发展

      ——黑河中游张掖段水量统一调度采访记　秦素娟 / 96

来自"弱水"的生命喜报

      ——黑河水量统一调度17年记　秦素娟 / 103

为科学调水加点力　秦素娟　杨　雪　时　爽 / 114

一枚鸟羽的生态照　秦素娟 / 125

穿越死生的相见　秦素娟 / 130

蒙文谱写的调水之歌　秦素娟 / 136

为黑河行无止境　秦素娟 / 140

黑城脚下，那绿色梦想的探路者

　　　　——记额济纳旗治沙老人苏和　秦素娟 / 145

出走与回归

——访牧民谢宝柱　杨　雪 / 152

记忆中居延海的变迁　段景坤 / 157

额济纳旗：因黑河而生　因黑河而美　段景坤 / 162

黄藏寺：守得云开见月明　岳林锟 / 165

黑河畅　居延焕新生

　　　　——写在东居延海连续13年不干涸之际　李银鸽　董　瑞 / 173

攻坚克难奏响绿色颂歌

　　　　——黑河水量统一调度纪事　董　瑞 / 180

流域声音 / 189

建设中的黄藏寺水利枢纽工程　杨希刚 / 190

黑河统一管理调度　流域机构不辱使命　楚永伟 / 199

确立生态优先发展总基调　构筑和谐共生建设新格局　孟　和 / 203

上善"弱水"

    ——十七年调水谱写额济纳绿洲生命赞歌　李发全 / 210

坚持节水优先　强化系统治理　努力构建生态安全屏障　李　瑛 / 217

黑水河·黑水国·黑水城

    ——黑河水文化随笔　张建铭 / 225

湿地成家园　候鸟也"乡愁"

    ——张掖黑河湿地重生之路　李剑宇　段　海 / 236

航天城四季断想　秦　芳 / 241

采访图絮 / 247

管理者说

弱水三千涌春潮　绿色颂歌唱新韵

刘　钢

2017年8月，额济纳，东居延海。

盛夏的黑河尾闾烟波浩渺、水光潋滟，东居延海特有的濒临绝迹的大头鱼再次畅游湖区，长空中罕见的白天鹅、野鸭不时掠过水面，霞光、群鸟、湖水、长天……美景相得益彰、共融一色，来自四面八方的游客流连其间、驻足陶醉。

这是十八年黑河生态水量调度之路的生动缩影，更是生态保护优先的绿色发展之路落地黑河流域的鲜活诠释。

专门深入此地采访的"黑河调水生态行"记者同样被重拾璀璨的西北大湖所感染，用话筒、镜头、笔端，用一路的奔波、辛勤和思索记录和探寻着东居延海华丽嬗变的不辍弦歌。

大美黑河　缤纷多彩

黑河是我国第二大内陆河，流经青海、甘肃和内蒙古三省（区），干流全长928公里，流域面积14.29万平方公里，多年天然径流量24.75亿立方米。黑河水资源由南向北为流域内农

黑河印象　　　　　　　　　（脱兴福　摄）

耕文明与生态文明孕育发展、交相辉映,为各民族和谐相处、包容共进提供了重要的生活之需、生产之要、生态之屏。

上游山高谷深、雪山纵横,生物种类丰富、生态系统多样,是迄今世界上原始生态保存最为完整的地区之一,区内的祁连县以"天境"闻名于世。这里自古还是羌、匈奴、吐谷浑等少数民族生息繁衍的家园和古"丝绸南路"必经之地,许多古城遗址星罗散布其间,刻画着历史记忆、吟唱着沧桑往事。

中游的张掖古称"甘州",以"张国臂掖,以通西域"而得名。张掖市地处河西走廊腹地,是古丝绸之路要冲和丝绸之路经济带的重要枢纽,得益于黑河水滋润,形成了河西走廊重

3

要的人工绿洲，"金张掖"美誉天下。区内张掖黑河湿地国家级自然保护区和世界十大神奇地理奇观之一的张掖国家地质公园享誉神州。

下游主要为戈壁大漠、低山残丘，在黑河沿岸和居延海地区形成的绿色走廊，是中国酒泉卫星发射基地和蒙古族土尔扈特部后裔生产生活的重要依托。这里的额济纳胡杨林国家级自然保护区为世界上仅存的三大胡杨林区之一，在生物学研究领域上具有重要意义。黑城遗址是古丝绸之路北线现存最完整、规模最宏大的一座古城遗址，是研究我国北方少数民族兴衰更迭、历史变迁的瑰丽宝藏。

生态危机　　因水而发

上世纪50年代以来，随着流域经济社会的发展和人口的快速膨胀，农业灌溉面积扩大，用水量激增，水资源供需之间的二元矛盾日益尖锐，黑河流域一度爆发了严重的生态危机。

上游，森林面积急剧萎缩，大片草场退化为沙地，水源涵养能力降低，生物多样性减少，生物链失衡，鼠害猖獗。

中游，近50年间地区人口从55万增加到128万，灌溉面积从103万亩增加到400多万亩，一味扩大农业生产或超载过牧，加之极度干旱的自然环境和地理属性，大片土地沙化、盐碱化，生态环境严重恶化。

下游，河道断流、湖泊干涸，地下水位下降，生态环境恶化，断流时间由上世纪50年代的约100天激增至90年代末的250多天。

正如雨果所言：大自然是善良的慈母，同时也是冷酷的屠夫。

一时间，胡杨林告急！额济纳告急！黑河告急！

更有甚者，2000年，源自黑河下游的几场强沙尘暴突袭大半个中国，黄沙漫天、遮云蔽日，国人一片震惊。中央电视台"焦点访谈"栏目以"沙起额济纳"为题对此进行专门报道，引起了全社会对黑河生态问题的强烈关注和猛然警醒。

系统方略　重塑黑河

黑河流域出现的严重生态危机和水资源问题引起了党中央、国务院的高度重视，一场拯救黑河生命的战役悄然打响。

1999年，黑河流域管理局正式成立，黑河由此有了自己的代言人。

2000年5月，时任国务院总理朱镕基同志针对黑河问题作出重要批示。6月17日，黑河流域管理局紧急赶赴黑河水量调度现场，黑河水资源统一管理和实时调度拉开大幕。

2001年2月21日，国务院第94次总理办公会议专题研究黑河水资源问题及其对策。同年8月13日，国务院批复《黑河流域近期治理规划》，拯救黑河生命的方略已具轮廓。

黑河流域近期治理实施坚持以生态系统建设和环境保护为根本，以水资源科学管理、合理配置、高效利用和有效保护为核心，上游围栏封育、涵养水源，中游调整种植结构、进行节水改造，下游建设水资源高效利用工程、实施胡杨林围封，有效提高了流域水资源利用率，为拯救下游绿洲及恢复生态平衡提供了基础保障。

在具体实践中逐步探索出了一条流域统一管理与区域管理相结合，断面总量控制与用配水管理相衔接，统一调度与协商协调相促进，集中调水与大小均水相统一，联合督查与分级

负责相配套的西北内陆河调度新模式，初步建立了涵盖方案编制、调度督查、责任落实、协调沟通等诸多环节的工作机制，从根本上改变了流域内用水无度、供水无序、管水无章的被动局面，为遏制下游生态环境恶化趋势提供了体制机制保障。

由于黑河问题的典型性，其治理模式和实践经验也对践行生命共同体理念、统筹推进山水林田湖草系统治理提供了有益的借鉴和启示。

绿色颂歌　生态旋律

进入新世纪特别是党的十八大以来，通过黑河水资源统一管理与调度，黑河水资源配置不断优化，流域供水安全基本确保，下游生态环境恶化趋势有效遏制，区域生态环境初步改善。

上游，林草地退化和森林面积萎缩情况得到初步遏制，黑土滩和草地沙化治理项目区草地盖度增加近30%，产草量每亩增加15公斤以上，水源涵养能力明显增强，黑河上游迈入山川壮美秀丽的新时代。

中游，人工林面积持续增加，林地总面积减少的趋势较治理前有所缓解，盐碱化土地面积有所减少，生态整体得到改善，张掖黑河湿地国家级自然保护区被国际湿地公约组织列入国际重要湿地名录。

下游，额济纳绿洲相关区域地下水平均回升近1米，一度濒临枯死的胡杨、柽柳得到抢救性保护，以草地、胡杨林和灌木林为主的绿洲面积增加了100余平方公里，额济纳绿洲由此走上生态良性演替之路。

尾闾东居延海实现连续13年不干涸，水域面积常年保持在40平方公里左右，栖息候鸟数量有3万余只，最大种群雁类已达3000多只。越来越多的珍稀野生鸟类将此作为"幸福驿站"。

黑河流域生态环境改善也极大减少了我国西北、华北地区沙尘暴发生概率，打赢蓝天保卫战涌动着黑河力量，"沙起额济纳"已成往事。

鸥鸟翔集 （高学军　摄）

生态红利　厚实阜丰

生态就是资源，生态就是生产力。水资源统一管理与调度作为黑河流域生态文明建设的重要实践载体和实施途径，在显著改善流域生态环境的同时，也有力促进了相关地区产业转型升级和经济社会可持续发展。

　　中游张掖地区通过倒逼效应掀起了经济结构调整和农业节水的"自我革命"。灌区七成以上的农田改为制种玉米，成为我国最大的地（市）级玉米制种基地，农产品附加值显著提升，农业种植每亩增加收入1500元左右。

　　额济纳绿洲生态系统的恢复和改善，使当地胡杨旅游产业和边贸经济愈加繁荣。据统计，2017年共接待国内外游客505万人次，较2016年增长220%，实现旅游综合收入51.49亿元，同比增长135%。

　　更具深远影响的是，流域节水型社会建设加快推进，两岸群众节水护水爱水意识日益提高，生态环境保护日益成为流域人民的价值取向、理念追求和自觉行动。

　　产业升级、农民增收、生态改善、理念提升，谋新求变打破了惯性思维和既有依赖，见证着绿色发展之路的壮阔前景。

莺落峡出山口河段　　　　　　（脱兴福　摄）

永恒主题　再绽芳华

生态文明建设是中华民族永续发展的千年大计，生态旋律是黑河水资源统一管理与调度永恒不变的主题。

2017年，黑河流域管理局认真贯彻落实"维护黑河健康生命、促进流域人民和谐"治理思路和"规范管理、加快发展"总体要求，生态水量调度取得新的重要突破。

莺落峡、正义峡、哨马营、狼心山等各主要控制断面下泄水量创有水文资料记载以来历史最大值。

下游具有标志性意义的狼心山断面，河道过流天数创历史新高达353天，绿洲边缘区、生态脆弱区得到有效灌溉。

东居延海实现连续13年不干涸，额济纳绿洲国家级胡杨林自然保护区得到有效保护，居延海湿地水域面积达6.3万亩，湿地鸟类达73种。

弱水欢腾颂盛世，绿色发展气象新。迈入新时代，在党的十九大精神和"绿水青山就是金山银山"理念指引下，在黄委党组的坚强领导下，在流域各方和沿河广大人民群众的大力支持下，黑河治理必将奏响新的更加恢宏的绿色颂歌。

（本文作者为黄河水利委员会黑河流域管理局党组书记、局长）

黑河调水化解流域生态危机

李肖强

黑河是中国第二大内陆河，流经河西走廊中部、"丝绸之路"要道，孕育了农耕与游牧相包容的、独具特色的河西文明和居延文明。这里是一个极其脆弱的生态单元，占全流域面积93%的中下游地区属于典型干旱区，有水变绿洲，无水则荒漠。黑河水资源是主宰其兴衰沉浮的生命线。

黑河用水矛盾由来已久。清雍正四年（1726年），驻陕甘抚远大将军年羹尧为消弭中下游河段之间的水事纠纷，订立"均水制"并实行军管才得以实施。

新中国成立后，随着流域人口膨胀，农业灌溉面积扩大，用水量也在激增，加剧了水资源供需矛盾，并造成上中下游不同程度的生态恶化问题。下游更为突出，伴随河道常年断流，西居延海、东居延海先后于1961年和1992年干涸，地下水位下降，湿地和绿洲萎缩，土地沙化不断，沙漠侵蚀日甚，沙尘暴频发，波及我国北方大部分地区，漫天风沙甚至刮到了北京。

专家们警告，如果不迅速采取有效措施，下游额济纳绿洲这一生态屏障将完全消失，今天的额济纳有可能变成第二个楼兰、第二个罗布泊。

黑河流域的生态危机引起党中央、国务院高度关注。2000年7月，经国务院批准、水利部授权黄河水利委员会挂牌成立黑河流域管理局，对黑河干流实施水量统一调度。2001年国务院正式批复了《黑河流域近期治理规划》。

黑河流域管理局抓住有利时机，科学制定水量调度方案，采取"全线闭口、集中下泄"等调度措施；强化统筹协调和监督检查，保证调水秩序和效果。经过各方共同努力，三年时间就实现了国务院批准的分水方案，即当黑河干流年来水量达到多年平均15.8亿立方米时，向正义峡以下输水9.5亿立方米的目标。2002年，干涸10年的东居延海迎来了久违的黑河水，一条完整的生命之河再次奔流在西北大地上，额济纳绿洲从此走上生态恢复之路。

党的十八大以来，在中央绿色发展理念指引下，黑河流域管理局积极开展生态水量调度的探索与实践。一是进一步优化生态水量调度方案，使黑河水资源在时空分布上更趋合理，加大了向生态脆弱区、绿洲边缘区配水力度，实现了水资源总量控制到过程控制的提升。二是完善流域管理与区域管理相结合的水资源统一管理体制，流域机构与地方政府层层落实责任制，确保水量调度工作顺利进行。三是加大依法治河力度，为黑河水量统一调度提供法制化保障。四是加强基础研究，构建生态环境监测体系，准确把握黑河的自然规律和流域经济社会发展规律，及时掌握流域生态环境动态变化，为生态水量调度提供基础支撑。五是加快信息化与黑河治理融合，构建了以"水利一张图"为应用平台的调水信息化体系，以及覆盖中下

游地区的信息采集网络，提高了黑河水量调度的科技水平。

随着黑河生态调水工作的深入推进，下游生态环境显著改善，额济纳绿洲地下水位平均回升1米以上，沿河两岸300万亩濒临枯死的胡杨、柽柳得到抢救性保护，胡杨林面积由39万亩增加到44.41万亩，草场植被盖度较分水前提高18.3%，沙尘暴逐年减弱，野生动植物种类和数量增多，额济纳绿洲生态恶化趋势得到遏制，生态环境明显改善，并呈现良性演替趋势。

具有标志性成果的尾闾东居延海实现连续13年不干涸，截至2017年8月，水域面积41.3平方公里，湿地面积30万亩，栖息候鸟种类73种，数量3万余只。

东居延海　　　　　　　　　　　　　　（李常辉　摄）

黑河生态调水不仅改善了流域生态环境，还为当地经济社会可持续发展和国防建设提供有力支撑。中下游地区工农业用水得到保证，优化了种植结构，"张掖玉米种子"是全国唯一获得地理标志证明商标的种子产品，产业化经营增加了农民收入；生态环境的改善带动了额济纳旗旅游产业的发展，2016年全旗旅游综合收入22.4亿元，同比增长53%，大大提高了当地

　　一是开创了内陆河水量统一调度先河。针对黑河特点，逐步形成了流域统一管理与区域管理相结合，断面总量控制与用配水管理相衔接，统一调度与协商协调相促进，集中调水与大小均水相统一，联合督查与分级负责相配套的西北内陆河调度新模式。在此过程中，建立了流域各方协商协调平台，实行了水量调度行政首长负责制；实施了"全线闭口、集中下泄"措施，有效增加了正义峡断面下泄流量；成功实现了从应急调度到常规调度再到生态调度的阶梯式飞跃。从根本上改变了流域内用水无度、供水无序、管水无章的被动局面，为遏制下游生态环境恶化趋势提供了水资源保障。黑河实施统一调度18年来，累计进入下游正义峡断面水量201.3亿立方米，年均11.18亿立方米，较上世纪90年代增加了3.31亿立方米。下游狼心山断面平均断流天数较上世纪90年代减少了130天，2016～2017年度断流天数仅为12天，一度衰微孱弱的黑河重新畅流西北大地。

　　二是扭转了流域生态持续恶化的趋势。上游过载放牧得到

黑河下游狼心山水利枢纽——东河分水闸过流　　（高学军　摄）

缓解，黑土滩和草地沙化治理项目区草地盖度增加近30%，水源涵养能力明显增强。中游生态整体得到改善。基本形成以农田林网和防风固沙林为主体、带片网点相结合、渠路林田相配套的综合防护林体系。下游，额济纳绿洲相关区域地下水位均有不同程度回升，沿河两岸近300万亩濒临枯死的胡杨、柽柳得到抢救性保护。以林草为主的绿洲面积增加约15万亩。干涸多年的东居延海水域面积常年保持40平方公里左右，从遍地荒芜的盐碱地恢复为湿地生态系统，沙尘暴发生频率下降。目前鸟类达70多种，栖息候鸟数量多达3万余只。天鹅、黄羊等野生动物重归绿洲，再现人与动植物和谐共生的动人场景。额济纳绿洲正在走上生态良性演替之路。东风场区大力建设防风林和绿地，起到了防风固沙的作用，林草退化、土壤沙化和场区内的生态与水资源环境得到显著改善，为我国航天事业和重要科研提供了水源保障。

三是促进了流域发展方式转变。中游张掖地区作为全国第一个节水型社会建设试点，节水型社会建设取得显著成效，以水定需、以水定产、以水定发展的倒逼效应日益显现。灌区

今日东居延海

七成以上的农田改种制种玉米，成为我国最大的地（市）级玉米制种基地。大力发展高效节水设施农业，建立农业水价改革和现代水权交易制度等，赋予了当地经济转型发展新动能。农产品附加值显著提升，制种玉米较以前种植小麦每亩增加收入1500元左右。同时节水护水观念深入人心，境内生态环境得到有效保护，产业升级、农民增收、生态改善的共赢格局正在形成。随着额济纳绿洲生态系统的恢复，当地人民生产生活条件明显改善，民族团结和边疆安全有效巩固，旅游产业和边贸经济更加繁荣。2017年旅游人数505万人次，旅游综合收入51.49亿元，与2000年相比人数增加130多倍，旅游综合收入增加了2000多倍。黑河流域调水前后的经济发展对比，正是"绿水青山就是金山银山"的实践例证。

三、不断谱写绿色颂歌的崭新乐章

党的十九大报告对生态文明作出了深刻论述。习近平总书记在报告中指出，建设生态文明是中华民族永续发展的千年大计，必须树立和践行"绿水青山就是金山银山"的理念，坚持节约资源和保护环境的基本国策，像对待生命一样对待生态环境。

黑河流域作为我国西北地区重要的生态屏障，在国家"一带一路"倡议和生态文明建设中具有重要战略地位。我们要坚持以习近平新时代中国特色社会主义思想为指导，把学习贯彻十九大精神与践行新时期中央水利工作方针有机结合起来，牢固树立绿色发展理念，始终把生态建设作为黑河工作的主线，努力在新时代有新作为。

一是要巩固拓展黑河调度与治理成果。持续开展生态水

量调度，加强过程管理，增强河流生态功能。全面落实最严格水资源管理制度，强化"三条红线"刚性约束，健全三级行政区域的总量控制指标体系。推进水资源消耗总量和强度双控行动，在国务院批准的分水方案框架内，合理配置生活、生产和生态用水。统筹山水林田湖草系统治理，不断优化顶层设计，全力推动黑河流域综合规划报批实施。充分发挥大自然的自我修复能力，强化水源涵养、封山育林育草等措施。

二是要全面落实绿色发展理念。把生态禀赋和地区发展更好挂钩，用好生态资源，发挥生态优势，鼓励培育绿色创新经济，为建设美丽中国作出黑河贡献。以水生态文明引领流域经济社会生态发展，正确处理环境保护与经济发展的关系，以水资源水环境承载能力确定发展规模，促进人与自然和谐共生。加强规划水资源论证，从源头上遏制不符合生态文明的建设项目，倒逼产业结构持续优化。积极推进农业综合水价改革，大力推广高效节水技术，促进水资源节约利用，不断提高利用效率和效益。

三要丰富创新流域管理手段。全面推行河长制，加强流域统筹，促进河长制与流域管理深度融合。推进黑河水法规体系建设，加快《黑河流域管理条例》立法进程。加强水行政综合执法，加强无人机监测、遥感监测等新技术应用，维护和谐的水事秩序。加强基础和应用研究，把揭示黑河基本规律和突破黑河关键技术作为主攻方向，强化科技支撑。加大信息技术应用力度，完善水资源和生态监测体系，健全信息采集网络。加快推进黄藏寺工程建设，探索新的工程条件下的调度模式。

（本文作者为黄河水利委员会水资源管理与调度局局长）

媒体纵览

荒漠中崛起"绿色奇迹"

——黑河调水17年，一度消失的东居延海重现新生

赵永平

"干涸的海子有了水，胡杨林活了，搬走的村民又回来了！"内蒙古额济纳旗吉日格朗图嘎查老支书贡嘎激动地说。守着这片胡杨，村里不少人搞起牧家乐。保护来之不易的生命之水，贡嘎义务当起了护水员。

驻足东居延海，碧波荡漾、芦苇摇曳，令人沉醉。谁能想象，17年前这颗大漠明珠流干最后一滴眼泪，成为西部继罗布泊之后的第二大干涸湖。

黑河调水17年，这片"死海"是如何重获新生的？

上中下游唇亡齿寒，17年"救命水"驰援接力

有水是绿洲，无水是荒漠。额济纳旗策克嘎嗒牧民巴图孟克深有体会："实在是没办法，没有水，一点草都长不出来！"2000年5月，一家人望着无边的沙地，无奈地带着400多只羊搬离了家乡。

黑河，是我国第二大内陆河，发源于祁连山中段，全长928公里，流经青海、甘肃、内蒙古，最后注入额济纳旗的居延海。

千百年来，在黑河水的滋养下，居延海水肥草美。然而，"水从门前过，谁引都没错"，上中游过度用水，人与自然争水，黑河水渐渐无力抵达居延海。1961年，西居延海消失；1992年，东居延海消失。

变成盐碱滩的西居延海

上中下游，唇亡齿寒。据统计，上世纪60年代以来，居延海地区每年有4万亩胡杨、沙枣、红柳枯死，土地沙化加重，草场植被由200多种骤减至20多种。风沙随之而来。仅2000年，额济纳暴发沙尘暴27次，并多次袭扰京津。中游的张掖也未能幸免，沙尘暴愈演愈烈。明天的张掖，会不会成为又一个额济纳？

小小居延海，连着中南海。党中央、国务院关心额济纳的生态建设，2000年起实施黑河水量统一调度。水利部黄河水利委员会成立黑河流域管理局，授权进行全流域管理。

干涸的东居延海

调水，难在跨省区分水。黑河流域管理局局长刘钢说，与额济纳一样，黑河水也是张掖的命根子，这里年蒸发量是降雨量的10倍，百姓生活、生产用水全指望黑河。水能不能分出来？

"全线闭口，集中下泄"，这是黑河的唯一选择。"不能光顾自己痛快，让下游着急！""共饮一河水，共建好家园。"中游百姓作出了无私奉献。

张掖市临泽县板桥乡西湾村，曾是鱼米之乡。黑河调水，西湾村用水也愁了，村支书顾聪，带着群众打机井、栽果树、种草养畜、调结构，缓解用水矛盾。

"秋水老子冬水娘，不浇冬水不长粮。"每年秋后，收完玉米，地里都要浇上一遍冬水。2000年是枯水年，再加上闭口，张掖市高台县友联灌区有2000多亩地一茬水也没浇上。

为保调水，黑河岸边水闸昼夜"人不离口，口不离人"，形成了一支"绿色护卫队"。甘州区小满镇毛正智，这位普通的庄稼汉，默默地放下农活，开始堵坝护水，在黑河沿岸，张掖人修了88个闸口，2000年4次闭口，给下游留足6.5亿立方米水的指标。

大漠流泽，居延复苏。17年来，黑河共计闭口下泄58次，调水水量185亿立方米，"救命水"送了一程又一程，东居延海创造了连续13年不干的"生命传奇"，水面达41.3平方公里，鸟类达到3万多只，胡杨林增至44万亩，湿地扩大到30万亩，周边生态已恢复到上世纪七八十年代水平。

缺水倒逼"节水革命"，绿色产业焕发新活力

黑河调水，重在中游。有了黑河水，才有"金张掖"；分了黑河水，张掖怎么办？

张掖节水农业

刘钢介绍，张掖是我国十大商品粮基地之一，用水占全河的80%以上。按照国务院确定的分水方案，张掖要往下游分出干流六成水量，相当于减少60万亩耕地的用水量，难度可想而知。

"关键在节水，潜力在农业。"中游各地开始量水而行，以水定发展，倒逼结构调整，掀起一场农业节水"自我革命"。

2001年，张掖成为我国第一个节水型社会试点地区。总量控制、定额管理，张掖市把水与农民的利益捆绑起来，形成"以水定地，配水到户，水量交易，水票运转"的节水型社会运行机制。

以水调结构。甘州区将灌区七成以上的小麦改为节水型制种玉米。"以前浇地大水漫灌，水把埂子冲掉也不在意。现在要精打细算，多用水多交钱。"头闸村村民郭龙算了一笔账：他租种50亩地，与以前种植小麦相比，一亩节水近一半，亩收入增加700多元。

节水技术跟进。张掖大力推广全膜垄作沟灌，大田作物间、套、复种等节水增收技术。党寨镇十号村村支书宋发林说，以前小麦套种玉米，一年要浇600多立方米水，现在制种玉米用膜下滴灌技术，一年只用200多立方米水。

水交易日益成熟，"卖水"是农户间的寻常事。"省水就是省钱，让咱多浇水都不干。"高台县农民刘兴文说，"每个农户一本水权证，先交水票后浇水，用不完的水票，可通过水市场卖。"水权交易有效平衡了农村用水，户户明确总量，人人清楚定额，节水成为农民的自觉行动。

打造节水型经济，张掖在全市范围内禁止新开荒地，禁种新的高耗水作物，压缩已有的高耗水作物；扩大林草面积，扩大经济作物面积，扩大低耗水作物面积。目前，全市节水灌溉面积达300余万亩，年节水1.5亿立方米，用水总量控制在22.54亿立方米，农田灌溉水有效利用系数提高到0.578。

节水农业并未影响发展。"张掖玉米种子"走向全国，张掖成为国内最大的玉米制种基地，市场份额占到全国40%，"三品一标"总量达216个，生产面积270万亩，占农产品生产面积的71%，绿色农业焕发新活力。

胡杨新姿

守住生态底线，打造绿色发展新引擎

黑河调水17年，曾经的风沙源变身"大漠童话"。蒙古族牧民达布希拉图高兴地说："湖中又长出了鱼，死去的胡杨发出了新枝，鸟儿也飞回来了！"

多年治理，上游草地覆盖度增加40%以上，水源涵养能力

明显提高，莺落峡来水量逐年增加。中游农业种植结构得到优化调整，节水型社会建设初见成效；下游生态明显恢复，初步实现治理目标。从源头到尾闾，从河里到岸上，流域生态整体向好。

黑河的变迁，让人们切身体会到生态文明建设的重要。巴图孟克一家搬回了额济纳旗，新家在达来呼布镇"胡杨人家"定居区，他退掉大部分草场，减少了羊和骆驼的数量。他说："现在牧民不再以放牧为主了，主要是搞旅游，每人一年3.1万元退牧补贴，再加上做生意，收入一点不比过去少。"

守望在巴丹吉林沙漠边缘的额济纳人，用辛勤的双手编织绿色。68岁的根登与妻子永青加布，承包赛汉桃来苏木的万亩荒滩，种植沙枣、梭梭，开辟人工饲草料基地，养殖骆驼和牛羊，20多年，让荒滩变成了绿草如茵的牧场。

守住生态底线，绿色产业大有潜力。额济纳旗旅游局局长

俯瞰黄藏寺水利枢纽工程施工现场

赵春莉介绍，2016年，不足3万人的额济纳旗接待国内外游客160多万人次，综合收入20多亿元。

追求绿色发展，张掖建设农产品安全大市，探索生产绿色有机农产品与提高农民收入相生相伴的增收体系，让农业和旅游"亲密接触"，打造绿色发展新引擎。

令人期待的是，作为国家172项重点水利工程之一，2016年黄藏寺水利枢纽在黑河上游动工，建成后，可合理调配中下游生态和经济用水，为黑河生命健康和流域经济社会发展提供重要保障。

黑河科学调水，奏响一曲绿色的颂歌。

（本文原载于《人民日报》，2017年9月24日）

"死海"重生：调水17年，东居延海重现碧波荡漾

张毅力

"落霞与孤鹜齐飞，秋水共长天一色"。驻足东居延海，碧波荡漾、芦苇摇曳、海鸥飞舞，令人沉醉。但在17年前，这颗大漠明珠流干生命中的最后一滴眼泪，成为我国西部继罗布泊之后的第二大干涸湖。

"死海"如何重生？8月27日，由《人民日报》、新华社、中央电视台、《经济日报》和《光明日报》等多家媒体参加的"黑河调水生态行"采访活动，在兰州启动，各路记者奔赴青海祁连、甘肃张掖、内蒙古阿拉善盟及额济纳旗，共同探秘黑河调水17年创造的生命奇迹。

据介绍，黑河是我国第二大内陆河，发源于青海省祁连山中段，流经青海、甘肃、内蒙古3省（区）和东风场区，干流全长928千米，流域面积14.29万平方千米，是河西走廊粮食基地、国防基地、居延绿洲的重要水源支撑，也是西北及华北地区重要的生态屏障。但自20世纪中叶起，随着黑河流域人口剧

内蒙古额济纳旗内的东居延海，鸟类从绝迹增加到73种，3万多只（董瑞　摄）

增，经济社会的快速发展，人与自然争水现象严重，进入下游水量急剧减少，尾闾居延海水域逐渐萎缩，西居延海及东居延海分别于1961年、1992年彻底干涸，并迅速发展成为我国西北地区的风沙源之一。

水利部黄河水利委员会黑河流域管理局局长刘钢介绍，为解决黑河流域生态系统严重恶化、水事矛盾突出的问题，2000年，国家成立黄河水利委员会黑河流域管理局，授权实施黑河水量统一调度。

砥砺奋进17年，黑河流域上游水源涵养能力明显提高；中

游农业种植结构得到优化调整，节水型社会建设初见成效；下游生态得到恢复，胡杨林得到复壮更新，东居延海已连续13年不干涸，周边生态恢复到健康等级。

茂密的芦苇荡

额济纳旗一道河　　　　　　　　　　（高学军　摄）

下游郁郁葱葱的胡杨林

沙漠绿洲，额济纳旗胡杨林景区一角　　　（张成栋　摄）

　　"张掖玉米种子"走向全国，额济纳旗胡杨林驰名中外，"沙漠天池"东居延海碧波荡漾……黑河流域科学调水，正在奏响"一曲绿色的颂歌"。

额济纳旗人民植树护绿保生态　　　　　（资料图）

（本文原载于人民网，2017年8月31日）

我国第二大内陆河科学分水
沙源湖泊13年波光粼粼

于　嘉

记者27日从水利部黄河水利委员会黑河流域管理局获悉，我国第二大内陆河黑河2000年起实施水资源统一管理调度以来，截至8月20日，黑河尾闾湖——内蒙古自治区额济纳旗境内的东居延海实现连续13年不干涸，周边风沙明显减少，植被得以恢复。

水利部黄河水利委员会黑河流域管理局局长刘钢说，黑河水量调度改善了流域生态环境，东居延海目前水域面积达41.3平方公里，库容6620万立方米。

驻足东居延海湖畔，一缕秋阳洒向湖面，粼粼波光映衬着芦苇，鸥鹭在其间嬉戏，时而高飞，时而点水。很难想象，上世纪八九十年代，因黑河水资源过度开发，下游地区大河断流、湖泊消失，额济纳旗刮起的风沙日益严重，成为我国北方主要的沙尘暴策源地。

据额济纳旗水务、林业等部门的调查数据显示，实施科学

分水以来，黑河下游额济纳绿洲地下水位平均回升1米以上，特别是近5年来，一度濒临枯死的胡杨、柽柳得到抢救性保护，新增林草地面积约100平方公里，植被盖度增加，沙尘暴逐年减弱，在东居延海栖息的候鸟种类从十几种、数千只，增加到73种、3万余只。

36岁的南丁长年生活在东居延海西侧的赛汉桃来苏木。"湖面一眼望不到边，芦苇长得比人高，前些年因为生态恶化而搬走的人又回来了。"他说。

波光粼粼的东居延海

刘钢表示，黑河中游地区优化种植结构，提高计划用水和节约用水意识，改善了引水秩序。下游开展围栏封育、退耕退

黑河下游湿地（鼎新段）　　　　　（刘培德　摄）

牧还草等措施，提高了生态用水效率，有关地区都为黑河流域生态文明建设作出贡献。

据了解，黑河水量统一调度以来，共实施引水口"全线闭口、集中下泄"措施58次、1387天。每年集中调水期间，水利部黄河水利委员会黑河流域管理局都派出督查组，分赴中、下游地区巡回检查，维持水量调度秩序。

（新华社呼和浩特2017年8月27日电）

调活一河水　业兴生态美

——黑河流域水资源统一调度调查

李琛奇　陈发明

导读：

　　黑河是我国第二大内陆河，流经青海、甘肃、内蒙古三省区，流域中下游地区极度干旱，生态环境脆弱，区域水资源难以满足当地经济社会发展和生态平衡的需要。

　　作为我国首条实施水资源统一管理与调度的内陆河流，黑河流域如何管理分配宝贵的水资源以实现人与自然、中游与下游之间的和谐共生？近日，记者沿黑河干流顺流而下，进行了实地探访。

水量不足，河底朝天，统一调水巧"解渴"

黑河中下游河道断流天数曾一度增至每年250多天，实施水资源统一管理与调度后，黑河尾闾东居延海已经实现连续13年不干涸。

9月初，随着"全线闭口、集中下泄"指令的下达，黑河流域2016年至2017年度最后一次向下游调水工作启动，根据调水通

位于甘肃张掖市黑河莺落峡出山口下游10公里处的草滩庄水闸枢纽，是黑河干流上的第一座拦河水闸，更是黑河中游水资源配置和向下游调水的关键控制性枢纽

知，此次"闭口时间不少于50天"，将持续到中游冬灌之前。

这次调水之前的17年里，已有104亿立方米黑河水从中游的甘肃张掖进入下游内蒙古自治区额济纳旗境内。作为土生土长的额济纳人，从小在碧波荡漾的居延海边放骆驼的牧民谢宝柱心里清楚，"如果没有这些水，很难想象今天的额济纳旗会是什么样"。

尽管是我国第二大内陆河，但流经区域大部分为戈壁沙漠的黑河中下游缺水由来已久。作为额济纳旗唯一的地表水和地下水的主要补给源，黑河水量的减少带来的直接后果是生态恶化：河道断流，湖泊干涸，地下水位下降。据统计，黑河下游地区天然林面积在1958年至1980年间减少了86万亩。额济纳绿洲面积从6940平方千米减至3328平方千米，戈壁沙漠面积则增加了460多平方千米。河道断流天数也增加到每年250多天，再

无力流到居延海，西居延海、东居延海分别于1961年、1992年干涸。

居延海干涸见底

1987年，谢宝柱跟同一个嘎查的其他牧民一样，赶着自己的30匹骆驼背井离乡。"不走不行，黑河不来水，居延海都底朝天了，骆驼没有吃的，人也待不住。"谢宝柱回忆。

无处觅食的骆驼群

人退沙进，是生态脆弱的黑河下游面临的最残酷的现实，这一地区也成为我国北方沙尘策源地之一。黑河水资源问题引起的生态恶化得到党和国家的高度重视，中央要求加强黑河水资源统一管理与调度。2000年，水利部黄河水利委员会黑河流域管理局在兰州正式挂牌，履行相关流域管理职责。

"黑河是我国第一条开始实施水资源统一管理与调度的内陆河流，在流域机构不断探索与流域各方的密切合作下，用3年时间实现了国务院批准的分水方案，并成功实现了从应急调度到常规调度再到生态调度的不断深化。"黑河流域管理局局长刘钢介绍说，黑河水量调度是依据1997年国务院审批水利部转发的《黑河干流水量分配方案》，对流域水量调度实行断面控制，即当中游的甘肃张掖莺落峡水文断面多年平均来水达到15.8亿立方米时，正义峡水文断面下泄水量9.5亿立方米。

额济纳旗副旗长陈铁军清楚地记得统一调水后，黑河水头到达居延海的日子。"2002年7月21日，黑河水头到达东居延海；2003年9月24日，干涸42年之久的西居延海进水，标志着黑河干流全线通水，成功实现国务院制定的黑河分水目标。"陈铁军说，从2004年至今，东居延海已经连续13年不干涸，水域面积常年保持在40平方公里左右。

如今，居延海的生态环境已由当年生态恶化后的寸草不生、沙尘肆虐，逐渐形成了今天多种动植物并存的湿地生态系统。经监测，目前东居延海湿地鸟类达73种，最大种群雁类已达3000多只，有数万只各种鸟类在居延海湿地集群待迁。

在额济纳旗，发生变化的不仅仅是居延海的水面。阿拉善盟水务局副局长乔茂云介绍说，黑河调水17年来，分布在额济纳境内的多条支流总长约1105公里的河道得到了浸润灌溉，沿

河两岸300万亩濒临枯死的胡杨、柽柳得到了抢救性保护，胡杨林面积由分水前的39万亩增加到44.41万亩，累计灌溉草牧场1020.14万亩，草场植被盖度较分水前提高了18.3%。

被称为"沙漠胡杨"的治沙英雄苏和说，黑河调水这些年以来，梭梭的成活率也显著提升

精打细算，合理配置，科学调度解两难

调度综合考虑中游农作物生长用水需求、下游生态需水、来水和水文、气象等因素，协调处理中游灌溉和调水的关系

2000年8月21日，黑河首次发布水量统一调度指令，中游地区实施"全线闭口、集中下泄"措施。从那时候开始，黑河流域管理局副局长、总工程师楚永伟记不清跟地方协调了多少次，"水对黑河流域来说是最宝贵的资源，水量有限，给谁分少了都不行"。

要想实现下游分水，中游就得勒紧裤腰带节水。2003年的灌溉季节，张掖市甘州区龙渠乡头闸村村民郭龙看着黑河水从地头流过，自家的玉米苗要枯死却不能放水灌溉，一肚子的委屈："给下游调水，难道中游的庄稼就不管了？"

中游的庄稼当然要管，但再也不能用以前的办法了。节水，成为张掖绿洲面临的新课题。"不节水就没有出路，上中下游的发展都得兼顾。"张掖市水务局总工程师李瑛说，根据国家批准的分水方案，当莺落峡来水量达到15.8亿立方米时，正义峡断面要下泄水量9.5亿立方米。这意味着张掖市要削减23%的用水总量，或者说必须减少60万亩耕地的用水量。

张掖市及时调整思路、倒逼节水，先后打出节水型社会试点、节水工程建设、种植结构调整、水价改革等一连串"组合拳"。《经济日报》记者从张掖市水务部门了解到，截至2016年底，全市共发展高效节水耕地面积110余万亩，年节水量达1.5亿立方米，常年维持节水型制种玉米100万亩左右；农业水价由0.07元/立方米连跳三级增至0.15元/立方米，地下水水价也

中游灌区制种玉米田

由0.01元/立方米提到0.10元/立方米。种植结构调整后，张掖市已成为全国最大的玉米制种基地，市场份额占到全国的40%。

水价高了，郭龙跟乡亲们的收入并没有减少。"以前种商品玉米，后来改种制种玉米，亩收入由1400元增加到2250元，我种50亩地一年增收4万多元，而每年增长的水费不过3000多元。"郭龙对这10多年的用水账了然于胸，"以前一年浇6次水，一次200立方米；现在一年4次，一次80立方米就够了"。为啥前后用水量差距这么大？"以前浇水要快漫过地埂才行，现在能把庄稼浇过就可以。为提高灌溉效率，以前都是两三亩的大块田，现在改成一亩左右的小田，浇水更快。而且，以前种庄稼比较杂，小麦、玉米、葵花都种，刚浇完这个又要浇那个，现在只种一样，浇水时间集中，相关部门调水也好安排时间。"郭龙介绍说。

在黑河流域管理局副总工程师高学军看来，现在张掖的老百姓支持调水，还有一点很重要：科学调度，优化方案，化解了中游用水与下游调水的矛盾。高学军介绍说，我们调水，一是严格总量控制，控制中游用水，正义峡断面下泄水量不能减少。二是调度时间要综合考虑中游农作物生长用水需求、下游生态需水、来水和水文、气象等多种因素，协调处理中游灌溉和调水的关系，采取"全线闭口、集中下泄"、限制引水和洪水调度等措施，增加调入下游水量。三是指导下游地区科学配置入境水量，扩大生态效益。

李瑛告诉记者，现在调水都是在中游不灌溉的时间，"比如，7月中旬，是张掖制种玉米抽穗时间，没有灌溉需求，我们利用这一时间段集中下泄；下一轮农作物灌溉结束，再集中下泄一次，直到冬灌开始"。

群众点赞，生态恢复，景美业兴农家富

统一调度使黑河水资源生态效益最大化，在促使流域生态环境明显好转的同时，有效促进了经济社会持续发展。

黑河水回来了，背井离乡的牧民们也回家了。

2000年，听说干涸的黑河河道有了水，在外打工的谢宝柱回到居延海边，搭起了一顶蒙古包，准备搞旅游接待。"谁知道，那只是些雨水，没过多久又干了。"谢宝柱的失望没持续多久，他就听到了一个好消息：国家要给黑河下游调水了。

谢宝柱等着盼着，他知道居延海迟早会碧波重现。2002年，黑河水真的来了，兴奋不已的谢宝柱赶到居延海上游20多公里的地方，骑着摩托车，追着水一直向下走，看着水流进了居延海，他心里踏实了。

"1个月的时间，我的蒙古包就挣了几千元钱。"这让谢宝柱的信心更足了，随后他又搭起了6个蒙古包，"2004年后，居延海的水就再没干过，旅游的人逐年增多，这几年一到10月份，我们这里游人如织，去年有七八万元的纯收入"。

如今，当年像谢宝柱一样被迫离家的牧民们都回来了，守着居延海吃上了旅游饭，有蒙古包里开牧家乐的，有景区里牵骆驼搞骑行的。看着碧波粼粼的居延海水面，芦苇随风轻摆，水鸟嬉戏追逐，谢宝柱感慨道："几十年前水最多的时候也没这么茂密的芦苇荡，没这么多水鸟。"

中国科学院西北生态环境资源研究院研究员司建华告诉记者，根据监测调查，东居延海水域面积维持在35平方公里左右，水量基本维持在5000万立方米左右，最大水深达4.2米，平均水深2.3米，东居延海边的芦苇已经近3米高。黑河分水

后，随着来水量的逐年增加，额济纳旗地下水位逐年抬升，狼心山断面地下水位比调水前抬升1.85米，黑河下游绿洲面积较分水前增加了100多平方公里。

重生的居延海　　　　　（额济纳水务局供图）

黑河水量实施统一调度后，流域管理机构加大科学调度和严格用水管理，促进了额济纳旗的生态恢复和改善。

黑河水量统一调度的严格实施，还有效地促进了经济社会持续发展。"农牧民生产生活环境明显改善，收入大幅提高，旅游事业欣欣向荣。"额济纳旗旅游局局长赵春莉介绍说，今年1至8月，全旗共接待国内外游客73.53万人次，同比增长98%；旅游综合收入9.32亿元，同比增长80%。

额济纳旗统计局数据显示，2016年，额济纳旗城镇常住居民人均可支配收入35515元，是2000年的6.64倍，年均增长12.56%。农村牧区常住居民人均可支配收入19379元，是2000年的6.4倍，年均增长12.3%。

（本文原载于《经济日报》，2017年10月31日）

唱响"黑河之歌"

陈发明

"一望无际的原野上,清澈的黑河在流淌,真情滋养着这一方,美丽富饶的天堂……"

水天一色的东居延海　　　　　　（资料图）

47

　　在额济纳旗达来呼布镇"胡杨人家"牧民定居区的一处小院里，蒙古族汉子巴图孟克拿给我们几张密密麻麻的蒙文，通过翻译得知，这是一首歌曲——《黑河之歌》。巴图孟克在额济纳旗水务局工作，既是一名国家干部，也是当地牧民的孩子。"写这首歌，就是因为黑河实行了水量统一调度，黑河水又来到了额济纳，我们从心里感到高兴啊！"

　　巴图孟克的家人都是牧民，以前住在离"胡杨人家"10多公里外的吉日嘎拉图苏木（蒙古语苏木即乡镇）。家里原来有300多只羊和30多匹骆驼，过的是游牧生活，住的是蒙古包。"因为没水，草原上也没了草，我们不得不到100多公里外的地方放牧。"巴图孟克说，20世纪八九十年代，这里的人均年收入少得可怜，吃水只能到仅剩的一两口有水的井上排队，有时还要走二三十里路用骆驼去驮水。

　　黑河是额济纳唯一的地表水源，地下水也靠黑河水补给，对额济纳来说，黑河就是他们的"母亲河"。当地人都知道，"没有黑河水，就没有额济纳"。在巴图孟克写的蒙文歌曲中，还有一首歌是《生命的居延海》，歌中唱道："世代伴随着大漠苍生，守望家乡的蓝色明镜，美丽如画的居延海，轻轻呼唤着美好的前程。"

　　巴图孟克说，为了挽救额济纳生态，保护各族人民共同生活的家园，国家从2000年开始进行黑河调水，东居延海于2002年进水，并从2004年起再未干涸，"当时，心情激动得没法表达，就写了《生命的居延海》。家里来了亲戚，也要带他们到东居延海去看看"。

　　配合黑河调水，额济纳旗积极实施退牧还草、生态移民等工程，要把每一滴黑河水都用到刀刃上，大力改善生态环境。

东居延海　　　　　　　　（张爱民　摄）

巴图孟克一家4口就是在那时退掉大部分草场，搬到了"胡杨人家"定居区，分到了一处院落。

定居后，巴图孟克家的羊和骆驼大量削减，但收入并没有降低。"仅国家发的退牧补贴一项，每人每年就有3.1万元的收入。"巴图孟克说，现在牧民也不再以放牧为主了，主要是搞旅游业，每年来这儿旅游的人很多，"碧波荡漾的故乡圣水，浇灌着这片生命的戈壁，也灌溉着各族人民的生活"。

（本文原载于《经济日报》，2017年10月31日）

谱就一曲绿色的生命之歌

——千里黑河调水记

周　华

一条河，曾是《山海经》中湖光潋滟的"西海"，造就了溪流纵横、湖泊密布的"塞上江南"；

一条河，孕育了世界上最长的文明走廊——河西走廊，成为上古时期中国对外开放的前沿阵地，诞生了璀璨的青铜文化；

一条河，流经4000多年前就有先民定居的军事要地——酒泉，留下了众多的军事设防遗迹，至今仍是中国重要的国防基地；

一条河，养育着有3000多年历史的丝路重镇，留下了"不望祁连山顶雪，错把张掖当江南"的美丽诗句。

这条河就是黑河。

黑河，古称弱水。千里黑河从祁连山北麓奔涌而下，流经青海、甘肃、内蒙古，是我国第二大内陆河，也是河西走廊粮食基地、国防基地、居延绿洲的重要水源。然而，自20世纪

50年代起，由于气候变化、经济社会发展，黑河流域土地沙化严重，美丽辽阔的居延海干涸了，胡杨林枯萎了，建于公元9世纪的黑城房舍被深埋沙中，一系列生态恶化问题凸显。直至2000年黑河流域管理局开始实施黑河水量统一调度，17年的不懈努力使东居延海重现昔日风采，枯死的胡杨林死而复生。

8月底到9月初，记者随中央媒体"黑河调水生态行"采访团沿着黑河流域行走下来，鲜为人知的黑河调水故事在我们眼前徐徐展开。

黑河上第一座引水灌溉工程——草滩庄水利枢纽 （周华 摄）

1."把水留给下游，不让内蒙古的沙尘暴影响北京"

踏上当年调水工作者走过无数次的老土路，汽车在一望无际的戈壁滩上颠簸穿行。浓浓的沙土味不时传入车内钻入鼻孔，荒漠上稀疏而顽强地生长着低矮的梭梭草，几乎见不到一

棵树。近6小时的车程，沿途了无人烟。当眼前逐渐出现一大片绿色树林时，心里竟有了一阵惊喜。我们来到了大漠深处的绿洲盆地酒泉市金塔县。

金塔县干燥少雨，风大沙多，生活生产用水严重依赖黑河水的自然补给，这里的土地"有水即是良田，无水便是荒漠"。在明末清初，黑河中下游地区就出现用水矛盾。据《甘州府志》《甘肃七区纪要》记载，清陕甘总督年羹尧赴甘肃等州巡视，道经镇夷五堡，老百姓黑压压跪满街道"具诉水利失平"。年羹尧在此首定黑河"均水制度"，并借助强大的军事手段解决水事矛盾。

黑河调水不仅保障了中下游百姓的生活生产用水，而且促使百姓在严格执行用水制度的过程中，增强了节水意识，主动调整种植结构。在金塔县鼎新灌区，种植大户蔡兵告诉记者，以前他种棉花，每年需浇水5次，现在改种籽瓜，采取节水灌溉后，只需浇水3次。在金塔，每亩小麦仅卖1000多元，每亩葡萄和枸杞能卖5000元、8000元，农民自觉种植葡萄、枸杞等高效节水作物。2016年金塔县人均年收入达1.1万元，比2000年翻了两番。

"为了黑河调水，10多年来黑河管理局作了相当多的工作，'无灌不植'的金塔才有了勃勃生机。"金塔县人大常委会副主任、水务局原局长许兆江感慨万千。

针对黑河流域不同的自然条件，黑河流域管理局按照国务院批准的《黑河干流水量分配方案》和水利部签发的《黑河干流水量调度管理办法》，严格控制用水总量，细化丰水期、平水期、枯水期水量分配方案，中游以农业用水为主，下游以生态用水为主。枯水年照顾中游农业灌溉用水，丰水年照顾下游生态用水。严格的用水管理促进了节水型社会建设，也得到了百姓的理解，中下游的用水矛盾逐渐消除。

位于河西走廊中段的张掖市，绿树成荫，湖泊众多，素有"塞上江南"之称，但实际上这里缺水情况也很严重。"张掖市平均年降水量110毫米，蒸发量却达1400～2700毫米。人均占有可利用水资源量仅为全国平均水平的一半，是典型的资源型缺水地区。"张掖市水务局总工程师李瑛介绍说，为此，张掖市严格执行水资源管理制度，大力发展节水高效绿色现代农业。头闸村45岁的村民郭龙指着身边的玉米地告诉记者：他家的50亩地以前种着小麦、玉米，每亩地一年要浇水8~12次，自2002年实行节水型社会建设后，每立方米水由1角钱提高到1.45角，他家的地便改种了制种玉米，每亩地一年只浇水5次。现在村民们学会了计划用水，按时灌田。"不然调水期一到，闸口关闭就没水浇地了。以前我想不通自己的地都不够水浇，为啥要把水调到下游。现在明白了，把水留给下游，不让内蒙古的沙尘暴影响北京。"

2006年，张掖市成为"全国节水型社会建设（试点）示范市"。

2.枯死的胡杨复活了

汽车在辽阔的戈壁滩中行驶，荒凉单调的景象让长途跋涉的我们有些昏昏欲睡，突然，一大片千奇百怪、神态各异的胡杨枯树闯入眼帘，仿佛是胡杨"陈尸"遍野的沙场，透出一股悲壮的气氛。8月30日，记者来到内蒙古阿拉善盟额济纳旗，当进入传说中的"怪树林"深处，看到在有水的地方，一些"死去"的胡杨树又长出了绿枝，有人惊呼："怪树林复活

"死去"的胡杨树长出绿枝　　　（周华　摄）

了！"胡杨树的死而复生，得益于汩汩而来的黑河水。

额济纳面积不到12万平方公里，其中70%为无人居住的沙漠区域。这里干旱少雨，年均降水量不足40毫米，年均蒸发量高达3800多毫米，额济纳旗的生态与黑河调水息息相关。

20世纪50年代，黑河中下游地区开黄扩耕，扩大灌溉面积，以及气候变化等原因，进入额济纳绿洲的水量急骤减少。1961年西居延海完全干涸。1992年东居延海干涸。居延海在汉代时曾被称为居延泽，魏晋时称之为西海，唐代起称之为居延海，是黑河水注入而成的天然湖泊。历史上的居延海水美草丰，是我国最早的农垦区之一，还是穿越巴丹吉林沙漠和大戈壁通往漠北的重要通道，也是兵家必争必守之地。唐代大诗人王维曾写下著名的《出塞作》："居延城外猎天骄，白草连天野火烧。暮云空碛时驱马，秋日平原好射雕。"

东西居延海的消亡，加剧了额济纳的生态环境恶化：红柳树、沙枣树成片死亡，75万亩胡杨树锐减至39万亩。沙尘暴天气频繁，绿洲边缘的地下水位严重时下降至7米。全旗的水井几乎全部干涸，人们吃水得排队取水，农牧民为了抢水常常发生争端。

是黑河调水，彻底改变了这里的自然和社会生态。"黑河调水使流域各方逐渐形成生态文明建设'一盘棋'思想，中游地区通过高新节水、种植结构调整、水价改革等措施，进一步提高节水意识，确保下游水量；下游提高生态用水效率，生态保护意识不断提高，为流域生态文明建设奠定了坚实基础。"黑河流域管理局副总工程师高学军介绍说，目前，中游人工林面积有所增加，盐碱化土地有所减少。下游额济纳绿洲生态环境持续恶化的趋势得到遏制，局部地区生态环境开始好转，居延三角洲绿洲面积较调水前增加了100余平方公里。

"为了有效利用来之不易的有限的黑河水，额济纳秉承'绿水青山就是金山银山'的发展理念，坚持生态优先战略，开始了生态保护建设工程"。额济纳旗副旗长陈铁军介绍，退耕还林、退牧还草，把生态脆弱区的人口迁移至生活条件较好的城镇，让农牧民从事旅游业，带动三产发展；调结构转方式，稳步发展高端畜牧业，不断增强特色沙产业，打造精品林果业，大力发展休闲农牧业。黑河调水使额济纳地区生产生活条件得到改善，繁荣了胡杨生态旅游产业和边贸经济，有效地促进了民族团结和边疆稳定。2016年，额济纳实现生产总值43.9亿元，是2000年的30.5倍；城镇居民人均收入达3.5万元，是2000年的6.64倍；农牧民收入达1.93万元，是2000年的6.4倍。

调水17年来，东居延海连续13年不干涸，记者眼前的东

居延海正在恢复昔日风采：一望无际的湖水清澈见底、碧波荡漾，芦苇随风摇曳、婀娜多姿，红嘴鸥在自由飞翔。经监测，居延海湿地水域面积达6.3万亩，湿地鸟类达73种，沿河两岸近300万亩濒死的柽柳得到抢救性保护，胡杨林面积由39万亩增至44余万亩。

东居延海　　　　　　　　　　　　（李常辉　摄）

3.弱水不弱，再唱欢歌

黑河调水受命于危难之际，没有任何成功经验可循。黑河流域管理局不断在实践中探索，创新调度模式、丰富调度手段。黑河流域管理局局长刘钢介绍，17年的调水实践，黑河流域管理局逐步探索出一条流域管理与区域管理相结合、断面总量控制与用配水管理相结合、统一调度与协商调度相结合、联合督查与分级负责相结合的调度模式，初步建立了涵盖调度督查、方案编制、责任落实、协调沟通等多个环节的工作机制。黑河流域的节水农业技术和水管理模式不仅对中国西部缺水地区脱贫致富产生示范带动作用，而且随着"一带一路"的推进，在非洲和南亚干旱区也将有良好的应用推广前景。

面对已经取得的调水成效，黑河人并没有满足。高学军告诉记者，黑河流域生态环境仍然十分脆弱，统筹协调好流域生活生产和生态用水依赖于进一步加大综合治理，逐步建立水资源管理的工程、技术、法律、经济等综合保障体系。面临新挑战，黑河人在改革创新中奋勇前进。他们正在全力推进黄藏寺水利枢纽工程建设，这是黑河干流首座控制性工程，是流域重要的水资源配置工程、生态保护工程和扶贫开发工程；加紧推动《黑河流域综合规划》批复，加快《黑河流域管理条例》立法，形成黑河流域法律支持系统；力争"十三五"期间黄藏寺水利枢纽工程投入运行，进一步促进河流生命健康、流域生态恢复和沿岸经济社会持续发展。

8月底的黑河峡谷，黄藏寺水利枢纽工程建设工地上机械轰鸣、热火朝天。这里的一派紧张繁忙景象仿佛在告诉人们：不久的将来，千里黑河必将走出昨日"弱水之痛"，再传发展喜讯，唱响水丰草美、物阜民丰的生命欢歌！

（本文原载于《光明日报》，2017年9月26日）

"塞上江南" 印象张掖

周 华

一条河流，曾是《山海经》中水光潋滟的"西海"，造就了溪流纵横、湖泊密布的"塞上江南"。

一片湿地，孕育了世界最长的文明走廊，崛起了辉煌的丝路重镇——"金张掖"。

黑河中游　　　　　　　　　（脱兴福　摄）

一座城市，承天地之脉，藉水而盛，遍布自然和历史的遗存，行盛世之策，重水察水，演绎湿地和生命的精彩；绘蓝图美景，风华日新，彰显古城和生态的文明。

这河流就是黑河，这湿地就是黑河湿地，这城市就是张掖市。

8月27日，记者随"黑河调水生态行"采访组来到甘肃省黑河流域的张掖市。

黑河是我国第二大内陆河，发源于祁连山北麓，流经青海、甘肃、内蒙古三省区，干流全长928公里，流域面积14.3万平方公里。黑河干流从祁连山发源地到尾闾居延海，以莺落峡、正义峡为界，分为上、中、下游，跨越三种不同的自然地理环境。上游属温带山地森林草原，生长着呈片状、块状分布的灌丛和乔木林，垂直带谱明显；中游河流冲积平原有灌溉绿洲栽培农业和林业，呈现人工植被为主的绿洲景观，是我国著名的产粮基地；下游生长有荒漠地区特有的荒漠河岸林、灌木林和植被，呈现荒漠天然绿洲景观。

张掖市位于甘肃省西部、河西走廊中段、黑河流域中游，南依青藏高原北缘的祁连山脉，北望内蒙古高原巴丹吉林沙漠，是我国西北重要的生态安全屏障。

有着2100多年历史的张掖城以"张国臂掖，以通西域"而得名，古称"甘州"。据了解，"甘州"之名始于南北朝时期的西魏恭帝元年，《府志世纪上》记载：西魏废帝三年改西凉州为甘州。或曰甘浚山名，或曰以甘泉名。张掖也是镶嵌在丝绸之路上的一颗璀璨明珠。近年来，张掖市深入贯彻落实习近平总书记提出的"节水优先、空间均衡、系统治理、两手发力"治水新思路，落实严格的水资源管理制度，发展现代节水

祁连山绿草如茵，云雾缥缈恍如人间仙境　　　（周华　摄）

农业，开展城市节水创建，被水利部授予"全国节水型社会建设示范市"称号。

据张掖市水务局总工程师李瑛介绍，张掖市可利用水资源总量26.5亿立方米，人均占有可利用水资源量仅有1250立方米，为全国平均水平的一半，是典型的资源型缺水地区。多年来，张掖市在水资源合理开发、有效保护和综合治理建设方面成效显著。

通过制定严格水资源管理制度，加强水资源管理。科学合理划定用水总量、用水效率、限制纳污"三条红线"，出台《张掖市实行最严格水资源管理制度实施意见》，编制《张掖市水中长期供求规划》等，从制度层面和水资源指标体系层面确保水资源高效利用，保障了经济发展和生态建设用水需求。

通过水务、林业、城建、交通、旅游、湿地管理等部门联动，在大力开展黑河流域湿地保护、全域旅游文化产业开发的同时，因地制宜，科学规划，分步推进水生态治理工程和水利风景区建设，逐步建立水系连通、河库互补、引排顺畅、利用高效的水循环体系，彰显"塞上江南"的独特魅力。

祁连山脚下，油菜花海　　　　　　（畅祥生　摄）

以水权制度改革和水资源高效利用为核心，全面推行"灌区+协会+水票"用水管理模式，探索形成了"政府调控、市场引导、公众参与"的节水型社会运行机制，初步建立了与之相适应的水资源管理、产业结构和水利工程三大体系。水资源供需矛盾得以有效缓解，全民节水意识明显增强，实现了经济结构调整与水资源优化配置的双向促动、节水与经济社会发展的"双赢"。

大力发展节水、高效、绿色的现代农业。位于河西走廊中

段的张掖属温带干旱性气候，平均年降水量110毫米，蒸发能力却达1400～2700毫米。没有水就没有农业。为此，1987年，黑河上第一座拦河枢纽——草滩庄水闸枢纽历时3年应时建成。记者在张掖市水源村看到，拥有14孔泄洪闸、4孔引水闸的草滩庄水闸枢纽威力无穷，汹涌奔腾的黑河水通过引水闸分进两条宽阔的渠道，呈"人"字形向东、西总干渠奔去，灌溉着张掖市甘州、临泽、高台3个县122万亩农田。草滩庄枢纽每年约为灌区供水6亿立方米，对农业发展作用巨大。

同时，建立技术含量较高的节水灌溉试验基地，开展农作物地面和温室膜下滴灌、微喷灌、垄膜沟灌等高新节水灌溉技术、灌水方法，不断提升农田节水技术水平，辐射带动全市节水农业发展。

张掖金海农田 　　　　（脱兴福 摄）

目前，黑河下游生态得到明显恢复和改善，自2002年起，黑河水到达东、西居延海后，干涸10年、42年之久的东、西居延海恢复生机，一度濒临枯死的胡杨、柽柳得到抢救性保护，新增林草地面积约100平方公里，植被盖度增加，沙尘暴逐年减弱，候鸟种类增加到73种、3万余只。

截至2016年，张掖市森林覆盖率达到19.64%，人工湿地面积达10710.45公顷。

"不望祁连山顶雪，错把张掖当江南"，如今的张掖正在向生态文明市、现代农业市、通道经济特色市目标大步迈进。

（本文原载于光明网，2017年8月28日）

酒泉金塔：有水就有金塔，没水就是第二个罗布泊

周　华

　　8月27日，记者随"黑河调水生态行"采访组从甘肃省黑河流域中游的张掖市来到下游的酒泉市金塔县。

　　为了让我们体验当年黑河水调工作的不易，带队的黑河流域管理局副总工程师高学军特意带我们避开高速路，走上了当年水调工作者重复无数次的老土路。

　　这是一片一眼望不到边的戈壁滩，汽车穿行其间颠簸不已，每辆奔驰在上的汽车都是绝尘而去，车里的人都能闻到浓浓的沙土味。荒漠上稀疏而顽强地生长着低矮的不知名的植被，几乎见不到一棵树。在蓝天白云的衬托下，这荒凉壮观的黄褐色土地多少让人感到一种悲凉和人的渺小。5个多小时的车程，沿途了无人烟。当眼前逐渐出现一大片绿色树林的时候，我们的心里甚至有了渴望的惊喜，我们的目的地——处于河西走廊西北端、大漠深处的绿洲盆地酒泉市金塔县到了。

　　据史载，4000多年前金塔县就有先民在此定居。春秋战国

当年水调工作者辗转奔波的老土路　　　（周华　摄）

时被称为羌、戎。战国后期至秦代，此地曾先后为强大的乌孙王和月氏王领地。此后金塔经历了西汉、东汉、三国（魏）、西晋、东晋、南北朝、隋、唐、宋、元、明、清12个朝代3000多年的历史变迁。此地也是历代兵家必争之地，留有较多的古代军事设防遗迹和众多的古墓群。

位于黑河下游的金塔县属于温带大陆性气候，干燥少雨，风大沙多，人们生活生产用水严重依赖黑河水的自然补给，这里的土地"有水即是良田，无水便是荒漠"。在明末清初，黑河中下游地区就出现用水矛盾。据《甘州府志》和《甘肃七区纪要》记载，清陕甘总督年羹尧赴甘肃等州巡视，道经镇夷五堡，老百姓黑压压一片跪满街道告状，"具诉水利失平"。年羹尧在此首定黑河"均水制度"，并借助强大的军事压力辅助实施，以消除甘肃内部各地间的水事矛盾。这个分水制度一直沿用到新中国成立前夕。

建国以来，随着流域人口和中游灌溉面积的增长，进入下

游的水量由20世纪50年代初的11.6亿立方米减至90年代后期的7.3亿立方米，中下游用水矛盾日趋尖锐，水事纠纷不断。下游水量的锐减，造成河道断流、湖泊干涸，上万亩胡杨林、沙枣林干枯，草场退化，金塔的小麦、玉米、棉花、水稻作物受灾严重，土地荒漠化、沙漠化日趋严重。

人迹罕至的戈壁滩　　　　　　　　（周华　摄）

"2000年，随着黑河水调工作的开展，金塔的生活用水、生产用水有了保障，加上节水措施的逐步实施，金塔的生态用水也有了保障。"有着30多年水调工作经历的金塔县人大常委会副主任、金塔县水务局原局长许兆江如数家珍地告诉记者，金塔县在长期的实践过程中，摸索出有效的节水措施：有修防渗渠道、田间工程的工程节水；有采用滴灌、微喷灌、垄膜沟灌等高新节水灌溉的技术节水；有禁种水稻等高耗作物、压减带田作物、种植用水少抗旱能力强的枸杞等经济作物的种植结构节水；有根据作物生长特征，分轮次灌溉，以水量定种植，利用价格杠杆，引导农民节水的管理节水……

家园（黑河鼎新段湿地） 　　　　（刘培德　摄）

　　"金塔是靠河吃饭，这个河就是黑河。有水就有金塔，没有水就是第二个罗布泊"，许兆江深有感触地说，自1987年修建大墩门引水枢纽后，金塔县14万亩耕地用水有了保障。尤其是2000年实施黑河水调，金塔的生态变好了，百姓的生产条件改善了，节水意识增强了，不仅能够严格执行用水制度，而且主动调整种植结构。在金塔，小麦每亩1000多元，葡萄每亩5000元，枸杞每亩8000元，紫花苜蓿每亩3000元，农民自己都会考虑经济效益，种植以葡萄为主的特色林果、以枸杞为主的中药材、以紫花苜蓿为主的饲料等高效节水作物，提高家庭经济收入。目前，金塔县人均年收入达1.1万元，比2000年翻了两番。

金塔县鼎新灌区苜蓿种植基地

　　"为了黑河水调，10多年来黑河管理局作了相当多的工作，'无灌不植'的金塔才有了勃勃生机。"许兆江感慨万千。

　　（本文原载于光明网，2017年8月29日）

内蒙古额济纳旗："怪树林"复活了

周　华

导读：

　　8月30日记者随"黑河调水生态行"采访组，来到内蒙古自治区阿拉善盟额济纳旗达来呼布镇西南28公里处，看到传说中的"怪树林"，感到十分的震撼。然而进入"怪树木"深处，在有水的地方，一些"死去"的胡杨树上又顽强地长出了绿枝。有人惊呼："怪树林复活了！"

　　汽车在辽阔的戈壁滩中行驶，荒凉单调的景象让长途跋涉的人们有些昏昏欲睡，突然，一大片千奇百怪、神态各异的胡杨枯树闯入眼帘，仿佛是胡杨"陈尸"遍野的沙场，透出一股悲壮的气氛。　8月30日记者随"黑河调水生态行"采访组，来到内蒙古自治区阿拉善盟额济纳旗达来呼布镇西南28公里处，看到传说中的"怪树林"，感到十分的震撼。然而进入"怪树木"深处，在有水的地方，一些"死去"的胡杨树上又顽强地长出了绿枝。有人惊呼："怪树林复活了！"

　　"生而不死一千年，死而不倒一千年，倒而不朽一千

年",胡杨树有着惊人的抗干旱、御风沙、耐盐碱的能力,能够顽强地生存繁衍于沙漠中,被赞誉为"沙漠英雄树"。胡杨树的死而复生,得益于黑河的滋养,更得益于额济纳人生态建设的不懈努力。

焕发生机的怪树林　　　　（项晓光　摄）

额济纳位于内蒙古自治区最西端,处于黑河下游,面积不到12万平方公里,其中70%为无人居住的沙漠区域。这里属内陆干燥气候,干旱少雨,蒸发量大,年均降水量不足40毫米,年均蒸发量高达3800多毫米,地表水主要来源于黑河,额济纳旗的生态与黑河水息息相关。

20世纪50年代,黑河中游的河西走廊大力建设商品粮基地,扩大灌溉面积,流入下游的黑河水急骤减少。1961年,年，额济纳旗实现生产总值439078万元，是2000年的30.5倍，年均增长17.88%；城镇居民人均收入达3.5万元，是2000年的6.64倍，年均增长12.56%；农村牧民收入达1.94万元，是2000年的6.4倍，年均增长12.3%；2017年1~8月，接待国内外游客73.53万人次，同比增长98%；旅游综合收入9.32亿元，同比增长80%。

就要离开额济纳了，记者的耳畔似乎还回响着额济纳旗蒙古族人巴图孟克自己创作的歌曲：

一望无际的原野上
清澈的黑河在流淌
真情滋养着这一方
美丽富饶的天堂

阿哈嗬
黑河英雄的儿女
守望着幸福的故乡
装扮着绿色的大地
黑河是母亲的乳汁
祖祖辈辈的记忆
述说着她的神奇

阿哈嗬
黑河英雄的儿女
守望着幸福的故乡
沐浴着绿洲的岁月

黑河是不死的传说

多少英雄豪杰

穿越苍茫的风雪

阿哈嗬

黑河英雄的儿女

守望着幸福的故乡

（本文原载于光明网，2017年8月31日）

水生额济纳

欧阳新华

大漠孤烟直，长河落日圆。在这片神秘的土地上，不管你来不来额济纳，她雄浑悲壮的身姿始终静躺在王维的《使至塞上》。

额济纳旗城区段黑河夜景　　　（欧阳新华　摄）

一千多年后的今天，王维笔下长河吞日月的奇观依旧展现在居延这片边境要塞之地。黑河，在东居延海再一次吞下日月，唤醒大地。

2017年8月29日傍晚，东居延海波光粼粼，芦苇葳蕤，鸟儿飞翔。

17年坚持不懈的黑河调水，共向狼心山断面以下输水104亿立方米，进入东居延海9亿多立方米水，成就了今天这片40平方千米的浩瀚水面，东居延海已连续13年没有干涸。

在黑河水的滋润下，额济纳绿洲正在慢慢恢复往昔的生机，额济纳旗的生态和经济社会发生了翻天覆地的变化！

进水初期的东居延海　　　（额济纳旗水务局供图）

与水共生：没有水，哪有额济纳

久居额济纳的牧民曾经这样描述自己的故乡：天堂般的秋天，地狱般的春天。

水对额济纳来说，就是一切事物的生命。

我们深知黑河水的珍贵，黑河水到额济纳就是生态用水，我们这些年在合理有效使用黑河水资源的同时，充分发挥生态效益的最大化，以水定发展，率先在全区实施'生态优先、转移收缩发展'的战略，将生态脆弱区的人口迁移到生活条件相对较好的城镇，大力实施退耕还林还草、天然林保护、飞播造林等生态工程。同时调结构转方式、发展高效节水灌溉和特色沙产业，有效带动了群众增收致富。"

有水就有绿洲，有水就有生命的底色。黑河水量统一调度的严格实施，在促使额济纳旗生态环境明显好转的同时，有效地促进了经济社会持续发展。

游客感受胡杨林美景　　（资料图）

85

"农牧民生产生活环境明显改善，收入大幅提高，旅游事业欣欣向荣。"据额济纳旗旅游局局长赵春莉介绍，2016年，全旗接待国内外游客160.1万人次，同比增长45%；综合收入22.4亿元，同比增长53%。旅游业的迅速发展带动了餐饮、住宿、商贸、物流等传统服务业的蓬勃发展，成为拉动内需增长和促进就业的主导产业，城乡居民的收入渠道不断拓宽，收入结构得到优化。

"今年1～8月，全旗共接待国内外游客73.53万人次，同比增长98%；旅游综合收入9.32亿元，同比增长80%。"赵春莉说。

额济纳旗统计局数据显示，目前，额济纳旗城镇常住居民人均可支配收入18470元，同比增长8.01%；农村牧区常住居民人均可支配收入8761元，同比增长8.5%。

额济纳人说弱水很轻，承受不起一根羽毛；又说弱水三千，只取一瓢饮。可见这里的人们深知水对他们的重要性，他们珍爱水，时刻提醒自己不可贪欲过度。

正如陈铁军所说，感谢国家决策对黑河水资源实施统一管理和调度，感谢黄委、黑河流域管理局的精心组织、科学调度，感谢各民族的深明大义，水到额济纳，就是民族的血液输入到额济纳，额济纳的生命才会永恒。

（本文原载于《黄河报·生态周刊》，2017年11月11日）

拼在黑河峡谷之门

——探访172项节水供水重大水利工程项目之一 黑河黄藏寺水利枢纽

黄 峰 焦 伟 蔡士祥

盛世兴水，润泽黑河。

深冬，站在黑河黄藏寺水利枢纽工程坝址观景台举目四望，山高路险、天寒地冻。但一派热火朝天的奋战场景让记者

施工现场 （黄峰 摄）

憧憬着未来，来自四面八方的建设大军，为着一个共同的梦想，夜以继日，执着奉献。

施工

远处，一只山鹰舒展翅膀，优雅地从崖头滑向对岸，在它矫健身姿的下方，58个月后，一座现代化枢纽工程大坝将拔地而起。

高峡出平湖、蓄源水畅流的愿景已不再遥远。

拼耐心　更拼韧劲

我国172项节水供水重大水利工程建设项目之一的黄藏寺水利枢纽工程开工建设至今已有9个月。

走进黄藏寺水利枢纽建设管理局临时驻地办公楼，映入眼帘的是工程简介、鸟瞰图、枢纽平面布置、工程示意图等。局长办公室的墙上，醒目地挂着一张施工总计划网络图及各种计划表。那一刻，一种工程项目建设的紧迫感扑面而来。

动态统计施工进度

黑河流域管理局副局长、黄藏寺水利枢纽建设管理局局长杨希刚接受了记者采访。

黄藏寺水利枢纽工程主要由碾压混凝土重力坝、引水发电系统、坝后式发电厂房等组成。最大坝高122米，水库正常蓄水位和汛期限制水位2628米，总库容4.03亿立方米，电站装机容量4.9万千瓦。总投资27.8亿元。

杨希刚说，水库建设程序复杂，涉及林业、草地、耕地，权属比较混乱，加之是少数民族聚集区，同时涉及两个省，协调难度特别大。开工至今有许多"拦路虎"导致无法正常施工，如何保证如期完成各项节点目标，成为大家心中绷得最紧的一根弦，两三个月不回家很正常，24小时都是在岗状态。

征地移民，是一个沉重的话题，更是困扰水利工程的一个天大的难题，世界上不乏因征地移民问题难以解决而最终不得不下马的水利工程项目的例子。

黄藏寺水利枢纽工程的征地移民任务巨大，其中，最紧急、最难啃的征地任务有两个：一个是征用黄藏寺村对外道路

需要占用的耕地和宝瓶河牧场；另一个是要征用的102滩和青沟台两块地的边界和权属问题。这两个征地，都是为了保证工程建设用地，都是不得不打且必须打好的硬仗。

对此，黄藏寺水利枢纽建设管理局集中人力、物力、财力，倒排工期，挂图作战，在征地过程中拼耐心、拼韧劲。一是积极推进征占用土地三榜公示工作。二是会同地方政府成立现场工作办公室和警务室。三是加强与祁连县政府沟通，明确责任，发挥移民监督评估单位的作用。四是利用地方媒体加大对移民政策、补偿标准的宣传力度。由于措施得力，处事公正，方法得当，目前已完成青海省内耕地1660亩、草地2452.29亩和两省2437.51亩林地的征占用手续办理和资金支付。

此外，让黄藏寺建管局领导揪心的还远远不止这些。由于在工程开工前夕国家林业局下发文件要求甘肃祁连山自然保护区必须在2016年5月1日之前暂停其范围内修筑设施行政许可的

专注

审批工作。许可批复不成直接影响着工程左岸的开工建设。

得知此事后，黄委主任岳中明高度重视，2016年10月份，由黄委副主任赵勇赶赴祁连，与正在甘肃省祁连山国家自然保护区考察的国家林业局领导进行沟通。与此同时，黑河流域管理局、黄藏寺建管局积极跟进，做好相关问题的沟通解释工作，最终于12月9日获得国家林业局关于自然保护区内建设行政许可的批复。

自黄藏寺水利枢纽工程开工建设9个多月以来，正是由于此类矛盾不断涌现、解决和磨合，方为明年工程的全面建设和工程如期截流奠定了坚实的基础。

拼作风　更拼实力

走进黄河设计公司黄藏寺水利枢纽EPC项目部已是22时，"团结奉献、求实开拓、迎接挑战、争创一流"的标语分外醒目，一场特殊的讲座正在进行。

黄河设计公司（YREC）副总经理牛富敏正在为项目部全体职工授课，授课内容为兰州水源地EPC管理项目宣传，介绍该项目成功的管理理念和管理体系。

黑河黄藏寺水利枢纽工程不但是我国172项节水供水重大水利工程建设项目，还是水利行业首个EPC总承包项目。

所谓EPC总承包，是目前在国外发展较成熟的一种建设管理模式，最先在美国、日本等发达国家广泛应用。EPC总承包是指从事工程总承包的企业受业主委托，按照合同约定对工程项目的可行性研究、勘察、设计、采购、施工、试运行（竣工验收）等实行全过程或若干阶段的承包。工程总承包企业对承包工程的质量、安全、工期、造价全面负责。

据牛富敏介绍，EPC模式在我国还处于摸索发展阶段，目前发展不算太快，这一领域黄河设计公司在全国属于较为领先的企业，但作为一个新的项目管理模式，发展过程中面临重重挑战。

牛富敏说，黄河设计公司是最早介入黄藏寺水利枢纽工程建设的单位，从规划、勘测、设计到今天，每个环节都注入了黄河设计人的心血。利用EPC总承包模式建设黄藏寺水利枢纽工程就是要最大限度地提高效率、保证质量、控制风险。

"我这次来把黄河设计公司承揽兰州水源地EPC管理项目部的精兵强将带到这里，把兰州项目的先进经验和成功案例带到这里，对目前黄藏寺项目管理中存在的问题进行逐项对接，逐项解决，力争把黄藏寺水利枢纽工程建设成国家水利行业的标杆工程和EPC行业的示范工程。"牛富敏蛮有信心地说。

据黄河设计公司黄藏寺水利枢纽工程EPC项目经理王亚春介绍，黄藏寺水利枢纽工程是国家实行工程建设三项制度改革以来，黄委独立组织建设的第一座综合水利枢纽工程，也是黄委在黄河流域外独立组织建设的第一座大型水库，前期工作困难重重，殊为不易。工程一动土，各种矛盾和阻力纷至沓来，再加上这一工程的高标准高质量要求，压力很大。要迅速协调各标段项目经理不仅要带领员工日夜奋战，还要像消防队长一样到处救火，经常敦促提醒各标段负责人如果项目工程进度、质量、安全、环保等出现问题，对企业生存、对个人的政治生涯都可能造成毁灭性打击。

长期奋斗在一线的项目副经理董海钊和项目设计总监郑会春告诉记者，今年是黄藏寺水利枢纽工程开工建设的关键一年，也可以说是项目全面开工建设的筹备年，任何一项工作稍有松懈，将直接影响主体工程能否按时保质保量完成，各部门的沟通、协调、磨合正在有序进行。为配合工程如期完工，项目部制作了工程施工进度计划网络图，找准关键线路，明确关键节点工期目标，每周组织各标段进度交底会、招标工程量核审、工程原始地形监测控制、施工进度计划监督控制及审核，对工程的各个环节进行研究、讨论和分析，技术讨论会议经常持续至深夜还未结束。

有着30多年勘测设计经验，负责过十几个EPC项目的黄河设计公司原副总经理许人是黄藏寺水利枢纽工程EPC项目顾问。记者在采访时了解到，许人积劳成疾在施工一线与死神擦身而过。他在接受记者采访时说，我们参加修建过那么多的水利工程，我们的经验足以完成黄藏寺水利枢纽工程，一定能把这个工程建设成示范工程、优质工程、品牌工程、廉洁工程。

采访中记者还发现黄河设计公司的工程建设者们，在瑟瑟寒风中，昼夜不停地坚守在各自的岗位，忍受着高原缺氧和超负荷劳作造成的身心劳累，忍受着工期受压工程受挫的艰难困厄，忍受着长期与亲人分离的痛苦及歉疚，他们辛勤耕耘，默默奉献……

拼进度　更拼质量

蓝天白云下，施工正在有序进行。目光所及之处，黄藏寺水利枢纽工程的宏伟和施工难度令人震撼。

不管先来还是后到，不管央企还是地方部队，不管来自北方还是南方，不管条件如何还是工程难易，交卷的时间是统一的，那就是工程竣工日期。

黄藏寺水利枢纽工程建设像马拉松赛。9个标段、千余建

设者们，在高海拔战线上竞赛，共同推动工程向目标冲刺。

抽风机"嗡嗡"运转，不停将新鲜空气置换进洞内；装载机进进出出，一人高的轮胎上挂满铁链，行进间哐啷作响……寒风凛冽，空气稀薄，黄河设计公司勘探院承揽的一号洞隧道建设正酣。

施工中的一号隧道

隧道深处，探照灯下，路面泥泞，空气中弥漫着尘屑和搅拌水泥的味道。尽头是暗红色的山体，工人们站在十几米高的架子上，面对山体反复丈量，选择爆破的钻眼点位。旁边的指挥者只穿一件薄棉衣，厚外套早已脱下拿在手上，戴着安全帽的额头不断流汗："这里面的温度要比外面高得多。"

狭窄的作业面里，EPC负责人、监理、建设方三方代表围拢在一起，大家站着开了个短会，就当天的进度交换意见，根据地质现状确定了此次爆破的强度。

即将钻眼爆破，为安全起见，洞内只留下专业人员。不久，"轰轰"的巨响从洞穴深处传来，装运渣土的装载机已在隧道口待命。爆破是隧道掘进的第一道工序，随后除渣、支护……各工种工人24小时不间断施工，每天可掘进3至4米。

1号和2号隧洞是节点性工程。目前1号洞累计开挖620米，完成总长的68%；二号洞累计开挖360米，完成总长的37%。现场负责人、副总工李臻浩说："为抢工期，目前建设不会停工，几个班组轮流作业，我们坚持打造精品工程，对质量的控制严之又严。"

陪同记者采访的黄藏寺水利枢纽建设管理局副局长杨建顺说，工程细节上1%的缺陷，可以带来100%的失败，而水利工程的失败，则意味着灾难。按照"安全至上、质量第一"的原则，黄藏寺水利枢纽工程进一步强化质量管理"红线意识"和"底线思维"，建立健全质量管理规章制度，严格落实质量监管职责和企业质量管理主体责任，夯实质量管理基础。先后制定了多项质量管理制度，做到了以制度管人，以制度管事。

58个月很慢，因为工程艰巨，何况还要追求精品与卓越。

58个月很快，38年过去都在弹指一挥间。

不管快与慢，黄河人和黑河人都会在责任与担当中无畏前行。

届时，拼在黑河峡谷之门的建设者们将为世人奉献一座蓄泄兼筹、丰枯调剂、调控自如的黄藏寺水利枢纽工程，为黑河流域经济社会建设发展和生态环境改善提供坚强的支撑，为国家防洪安全、供水安全、粮食安全、生态安全提供强有力的保障。

（本文原载于黄河网，2016年12月31日）

转弯，遇见更好的发展

——黑河中游张掖段水量统一调度采访记

秦素娟

"以前浇地是大水漫灌，水把埂子拉掉了也不在意；现在只要地里过水就好了，都很注意节水。"8月27日，在自家地头，张掖市头闸村村民郭龙指着刚刚浇过的制种玉米，这样给记者介绍。

记者采访制种玉米种植户 　　　　（董瑞　摄）

群众的用水观念是怎么转变的？这里面发生了哪些故事？

生态转弯，水量调度刻不容缓

不望祁连山顶雪，错把张掖当江南。张掖地处甘肃省西北部，年降水量只有100多毫米，但因我国第二大内陆河——黑河穿境而过，因水而兴，素有"桑麻之地""鱼米之乡"的美誉。

然而20世纪中期以来，伴随着经济社会快速发展，张掖的人口、耕地发展到全流域的91%和95%，用水量也水涨船高，黑河愈来愈不堪重负。到20世纪90年代，实际进入黑河下游的水量已由50年代初的平均11.6亿立方米锐减到7.6亿立方米，进入额济纳绿洲的水量更减至3亿立方米左右，尾闾西居延海、东居延海分别于1961年、1992年干涸，断流天数也增加到每年250多天，河流生命连连示警。

失去了黑河水的补给，额济纳生态急剧恶化，沙漠化面积不断扩大。黑河流域管理局局长刘钢曾作为设计人员到额济纳调研，在他的记忆里："骆驼没有草吃，就吃尖硬的骆驼刺，扎得满嘴流血；胡杨大面积死亡，万籁俱寂，就像到了月球上一样；没有路，到处都是黄沙，车跟着跑会陷进去，沙吹起来，几公里都狼烟动地。"

让人忧虑的还有沙尘暴。因环境恶化，额济纳成为新的风沙策源地，年发生沙尘暴频率多达20余次，并连续强势袭击北京，甚至南下波及上海，严重威胁我国西北和华北生态安全。

必须实施水量调度，遏制额济纳绿洲恶化趋势并逐步恢复！

思想转弯，水量调度倒逼节水

根据国家决策，2000年8月21日，黑河首次发布水量统一调度指令，中游地区实施"全线闭口、集中下泄"措施。

草滩庄枢纽是黑河中游最大的引水枢纽，为张掖市甘州、临泽、高台3县（区）120多万亩耕地提供水源。当年就是从这里开始，草滩庄枢纽提闸泄水，沿河两岸引水口门全部关闭，停止引水并贴上封条。对此，郭龙和所有灌区群众一样"想不通"——眼看着水从自家门前放下去，心里很不乐意！

"不乐意也没办法，不是为了大局嘛。水资源是国家的，上中下游的发展都得兼顾。"张掖市水务局总工李瑛说，根据国家批准的分水方案，当黑河上游莺落峡来水量达到正常年份的15.8亿立方米时，正义峡断面要下泄水量9.5亿立方米。这意味着张掖市用水习惯的改变和用水量的压减，要削减23%的用水总量，或者说必须减少60万亩耕地的用水量。

丰收的玉米

这对于水资源本就短缺的张掖来说，不节水就没有出路！

在水量调度的倒逼作用下，张掖市委、市政府及时调整思想、目光向内、疏堵结合、倒逼节水，先后打出节水型社会试点、节水工程建设、种植结构调整、水价改革等一连串"组合拳"。

记者从张掖市水务部门了解到，截至2016年底，全市共发展高效节水面积110余万亩，年节水量达1.5亿立方米；砍掉水稻几万亩，常年维持节水型制种玉米100万亩左右；农业水价由0.07元连跳三级，目前已增至0.145元，地下水水价也由0.01元每立方米提到0.10元每立方米。

令人欣慰的是，翻番的水价并没有削减农民收入。郭龙给记者算了一笔账：他家有50亩地，种植制种玉米后，亩收入由1400元增加到2250元，年增收4.25万元，而每年增长的水费不过3000多元。

措施转弯，水量调度更加科学

在实施倒逼机制推进节水型社会建设的进程中，张掖并不孤单，流域机构也一直在探索总结调水经验教训，不断与流域各方协调、优化调度方案。

在草滩庄枢纽，李瑛谈到这样一件事：今年7月上旬正值黑河集中调水，中游地区遭遇连续高温天气，耕地失墒严重，旱情发展迅速，张掖市水务局与黑河流域管理局沟通协商，"比原计划提前1天给灌区放了水，旱情得到缓解，群众很高兴，调度更加科学、合理、主动"。

根据国务院授权，黑河流域管理局为黑河流域的水行政主管部门，代表国家行使黑河管理和水量调度权限。该局副总工

高学军说，刚开始调水时，注重的是中游闭口天数和正义峡断面下泄水量。闭口天数一旦确定，就不能改变。为维护正常的调度秩序，黑河流域管理局与各地有关部门组成3～4个联合督查组，巡回监督检查"全线闭口、集中下泄"措施执行情况。黑河干流管理总站负责草滩庄枢纽启闭任务，该站书记陈利民也坦言："刚开始调水时，群众不理解，很多人找到站上。我们也担心发生水事纠纷，工作压力很大。"

作为我国第一条实行水量统一调度的内陆河，黑河流域管理局在没有成功经验可以借鉴的情况下，积极实践、勇于创新，先后实行了流域管理与区域管理相结合的水资源统一管理

黑河上游莺落峡出山口 　　　　　（高学军　摄）

体制、水量调度协商协调机制、水量调度行政首长责任制等有效措施。高学军告诉记者："发展到现在，我们调水更关注两个指标：一是严格总量控制，下泄水量不能减少；二是闭口时间要综合考虑中游农作物生长周期、下游生态需水、来水和水文、气象等多种因素，协调处理中游灌溉和调水的关系，采取'全线闭口'、洪水调度、限制引水等措施，做到科学、合理调度。"

人性化的调度举措，有效促进了水资源的科学调配和合理利用，保证了灌区农业用水和农民收入，缓解了调用水双方的矛盾。同时，经过十几年的水量调度、巡查督导、政策宣传等持续催化，群众的思想认识有了极大提高。当记者再问郭龙对调水工作的认识时，他笑着说："想通了，想通很多年了。"陈利民也说："现在群众都知道调水是国家战略，上中下游要和谐发展，我们已经没有压力了。"

面对日趋规范的调水秩序，黑河流域管理局并没有满足和懈怠。他们深知，随着流域经济社会快速发展，黑河水资源供

草滩庄枢纽在保证中游灌溉的同时向下游泄水 　　（张成栋　摄）

需矛盾仍将长期存在，如遇来水偏枯年份，供需矛盾将更加突出。为此，该局已展开枯水条件下的水量调度研究，以维护黑河健康生命，推动流域经济社会持续发展。

记者到达草滩庄枢纽这天，正是农田灌溉时间。分水闸下，两条干渠领着欢畅的黑河水分别向东西转弯奔流而去。在通往灌区的路上，河水还要经历一次又一次转弯，这正如黑河中游水量调度工作一样，尽管在转弯处会有所阻碍和痛苦，但每一次转弯，都是在接近丰收的希望，实现更好的发展……

（本文原载于黄河网，2017年9月4日）

来自"弱水"的生命喜报

——黑河水量统一调度17年记

秦素娟

"多年治理后的今天,黑河上游水源涵养能力明显提高,中游农业种植结构得到调整,下游胡杨林得到复壮更新……衷

2017年的东居延海碧波荡漾鸥鸟翔集

心期盼您能到阿拉善来，看看浩瀚的居延海，看看广阔黄沙中片片喜人的绿荫，看看昔日沙尘暴发生地已经成为幸福的乐土……"

这是2017年6月内蒙古自治区阿拉善盟牧民写给一位中央老领导的信。

当记者手捧这封书信，再次回望18年前干瘪的黑河，回望《沙起额济纳》的浑黄与绝望，回望居延海周围因缺水而倒下的枯木与白骨，记者知道，这封信不仅仅是一份诚挚的邀请，更是一条河流的生命喜报，是沿岸各族人民在生态环境极大改善、经济社会持续发展的今天，捧给党和国家的一片深情民心。

告急　黑河命断额济纳

2000年5月，在望不到边的沙地里，一辆四轮拖拉机载着巴图孟克全家，带着400多只羊，驶出阿拉善盟额济纳旗苏布淖尔苏木策克嘎查。他苦着脸说："实在是没有办法，想着戈壁那边可能有一点点小草给羊吃。"巴图孟克的妻子回忆："原来这里的水特别多，整个湖都是满的，那时候牧民们过得比较安逸，谁都没想到这个湖还有干的时候。我们特别希望有水！"

他们说的这个湖叫东居延海，维系其命脉的是黑河，又称弱水，为我国第二大内陆河，发源于祁连山中段，干流长928千米，流经青海、甘肃、内蒙古3个省（区）和东风场区，最后注入额济纳旗东、西居延海。

千百年来，在黑河水的滋养下，居延海水丰草美，野生动植物繁多。清末诗人刘炎甲曾赞曰："居延海外一沙洲，弱水甘心向北流。虽然不比东瀛景，也作桃源几千秋。"直到1927年，在德国摄影师拍摄的资料中，居延海周边依然树木茂盛、湖水漾波，芦苇长得比骆驼还高。

然而，随着社会快速发展，中上游地区无序开发，水事管理各自为政，加之"水从门前过，谁用都没错"的局部思维，用水矛盾日趋尖锐，20世纪90年代中游的甘州、临泽、高台3个县（区）3年内曾发生水事案件55起，而进入额济纳的水量一如"弱水"之名持续减少。在不断升级的争水战中，1961年，在20世纪50年代还有267平方千米水面的西居延海悄然消失；1992年，美丽的东居延海干涸枯竭，"大漠双璧"先后倒地而亡。

随之倒下的还有生态。据统计，20世纪60年代以来，居延三角洲每年有4万亩胡杨、沙枣、红柳枯死，草牧场植被由200多种骤减至20余种，地下水位不断下降，土地沙化日益加重，

枯死的胡杨林　　　　　　　（额济纳旗政府供图）

沙地上还可见因缺水无草而饿死的骆驼的白骨。随之而起的，只有风沙。气象资料显示，仅2000年，额济纳便爆发沙尘暴20多次，并多次袭扰京津地区。

让人忧虑的还有国防稳固、社会安定和民族团结大局。黑河下游的东风水库维系着酒泉航天事业的用水命脉；居延绿洲的没落将使风沙长驱直入，直袭河西走廊和银川平原，危及京包、兰新铁路大动脉，影响范围达200万平方千米；额济纳境内有蒙古族、回族、满族等少数民族十多个，蒙古族土尔扈特部作为当地的主体民族，在300多年前不甘沙俄凌辱从伏尔加河流域回归祖国，今天，怎么能让他们再次离开自己的家园？

拯救　众手托起居延海

"来水啦，来水啦！"说起2000年10月3日黑河水抵达额济纳旗首府达来呼布镇的场景，额济纳旗副旗长陈铁军依然神

载歌载舞欢庆来水

情激动。"那时没人号召，群众都自发地跟着河水往前跑，一边跑一边喊，就像从来没有见过水一样，高兴啊！"

小小居延海，连着中南海。额济纳生态系统严重失衡，引起党和国家高度重视，并于1999年批复成立黄河水利委员会黑河流域管理局，代表国家行使黑河流域管理和水量统一调度职责。20世纪末以来，历届国家领导人对黑河调水给予殷切关怀，国务院和中央有关部委及时审批《黑河干流水量分配方案》，批复《黑河流域近期治理规划》，颁布黑河干流水量调度管理办法，安排专项建设资金……大力推动黑河水量统一调度和生态治理进程。

黄藏寺水利枢纽导流洞贯通　　　　　（黄峰　摄）

特别是党的十八大以来，我国把生态文明建设提升到"关系人民福祉、关乎民族未来"的高度，同时确立了"节水优先、空间均衡、系统治理、两手发力"的新时期治水思路，对黑河流域的生态建设和水利事业给予进一步关注。其中尤为重要的是，2013年10月，黑河干流上第一座大型骨干调节工

程——黄藏寺水利枢纽通过国家发展和改革委员会批复，总投资达27.8亿元；2014年5月，该工程还被纳入国务院确定的172项重大节水工程予以加快推进，彰显了中国政府加强生态建设的决心和民生情怀；2016年3月29日，黄藏寺水利枢纽正式开工建设。

黑河调水，利在全域，重在中游，关键在节水，潜力在农业。据了解，黑河中游的张掖地区是我国制种玉米主要基地之一，是黑河流域用水大户，在中游用水量中农业又占90%以上。而根据国务院确定的分水方案，当黑河上游来水量达到正常年份的15.8亿立方米时，正义峡下泄9.5亿立方米。20世纪90年代末期，中游社会经济快速发展，正义峡下泄流量仅为7.3亿立方米，调水难度可想而知。

黑河流域管理局局长刘钢说："黑河是我国第一条实施水量统一调度的内陆河，没有成功的经验可循。这些年来，我们在摸索中前进，付出了艰苦的努力。"

在缺乏控制性调蓄工程、调度手段单一的情况下，经流域各方艰辛探索和实践，确定了年度总量控制、分级管理、分级负责，丰增枯减、逐月滚动修正的调度原则，提出了"两个确保"年度调度目标，建立了涵盖方案编制、协调沟通、调度监督检查和责任落实等各个环节的工作机制。据刘钢介绍，一是创立了"全线闭口、集中下泄"措施，并适时采取限制引水和洪水调度措施，有效增加了正义峡断面下泄水量；二是实现了由半年调度向全年调度、由应急调度向常规调度的转变；三是更加注重过程控制，加大了春季调水工作力度，提高了春季水量配置比例，生态水量调度探索与实践逐步深入；四是建立健全了监督检查制度，实施了分级负责、分级监督检查，流域机构监督检查和联合监督检查相结合的监督检查制度；五是实行了水量调度行政首长负责制，向社会公布黑河各级水量调度行政首长责任人和联系人名单，接受社会监督；六是不断强化水量调度法规建设。2009年5月13日，水利部部长陈雷签署第38号水利部令，颁布的《黑河干流水量调度管理办法》中，对黑河干流水量调度的原则、管理职责、调度责任制等做出全面规定。

张掖市节水灌溉

"全线闭口、集中下泄"的实施，在张掖市产生了以水定发展的倒逼效应，掀起一场经济结构调整和农业节水的"自我革命"。他们不仅砍掉了数万亩水稻，积极调整种植结构，大力发展设施农业，还将灌区7成以上的农田改种节水型制种玉

米。在该市，记者还见识了配套完整的渠系衬砌工程，膜下滴灌、高标准低压管灌、远程自动化控制等高效节水灌溉模式，以及现代水权交易制度。目前，该市节水灌溉面积达260余万亩。

宝贵的水资源进入内蒙古自治区后，额济纳旗没有用来搞经济、上项目，而是全部用于恢复和改善生态环境。陈铁军说："额济纳不是粮仓，也不是牧场，保护好这里的生态环境，就是对国家的最大贡献。"

大漠流泽去，居延复苏来。在各方的共同努力下，17年来，黑河共计闭口下泄58次1387天，正义峡断面累计下泄水量185.37亿立方米，进入额济纳绿洲的水量达104亿立方米，托起了东居延海连续13年不干涸的生命传奇，东居延海周边生态已基本恢复到20世纪七八十年代的水平，流域生态恶化趋势得到有效遏制。

新生　千里弱水唱大风

8月的东居延海，水光潋滟，鸥鹭翔集。蒙古族牧民达布希拉图高兴地告诉记者："湖中又'长'出了鱼，附近死去的胡杨和怪柳发出了新枝，鸟儿也飞回来了！"

记者了解到，目前，东居延海水面达41.3平方千米，湖中最大的胖头鱼和草鱼能长到三四斤重，鸟类数量达3万多只，胡杨林面积增至44万亩，当地地下水位平均上升1米以上，居延海湿地扩大至30万亩。额济纳生态环境明显改善，西北生态屏障得到巩固，曾经的风沙策源地变身"大漠童话"，还被评为国家级水利风景区，成为当地旅游业的强劲引擎。据统计，2016年，额济纳旗接待国内外游客160.1万人次，实现综合收入22.4亿元；2017年1～8月，共接待游客73.53万人次，同比增长98%，旅游综合收入9.32亿元，同比增长80%，有力地推动了牧民增收和边疆稳固。

"东风水库供水无虞"，这是阿拉善盟牧民信中的一句话。透过这句话，记者看到的是，在酒泉卫星发射中心，神舟系列飞船、"天宫一号"、世界首颗量子科学实验卫星"墨子号"等成功发射升空，水畅其流的黑河扛起了航天事业和国防建设的水脉需求。

东风航天城春意盎然 （李玉建 摄）

在张掖，水务人员告诉记者："近年来，张掖市完成了节水型社会建设试点任务，经济结构更趋合理，整个社会的生态意识和调水大局观念进一步提升。"更为难得的是，节水农业

并未导致农业萎缩，结构调整也未减少农业产出。据了解，该市制种玉米较以前种植小麦，每亩可增加收入1500元左右。目前，张掖成为我国最大的地（市）级玉米制种基地，种子销量占全国同类市场份额的4成左右，"张掖玉米种子"获得全国唯一的种子国家地理商标证书，走出了经济发展的新路。随着水观念的提升，张掖境内的湿地也得到有效保护，建成了张掖黑河湿地国家级自然保护区，总面积达4万多公顷，成为我国西北地区生态屏障的重要节点。

黑河水润胡杨林

黑河，在水量统一调度的国家决策下，流域生态整体向好，全域实现共同、协调、可持续发展。

面对已经取得的调水成效，流域管理机构并没有满足和懈怠。采访中，黑河流域管理局副总工高学军告诉记者，目前，黑河还存在着水资源配置和水量调度缺乏工程手段、流域生态环境仍相当脆弱、生产用水挤占生态用水、流域管理缺乏必要的法律和水行政保障能力手段支撑等问题。为此，他们正在加紧推动《黑河流域综合规划》审查与批复工作，全力推进黄藏寺水利枢纽工程建设进度，加快《黑河流域管理条例》立法步伐，力争年内实现综合规划批复、十三五期间建成黄藏寺水利枢纽工程并投入运用，尽快形成相对完整的黑河流域法律支持系统，为水资源合理配置和流域管理提供重要的工程与法律支撑，长久保障实现国务院分水目标，进一步促进河流生命健康、流域生态恢复和沿岸经济社会持续发展。

8月底的黑河峡谷，秋风萧瑟、秋雨淅沥，还迎来了今年入秋以来的第一场雪，气温骤然下降，但黄藏寺水利枢纽工程建设工地上却机械轰鸣、热火朝天。望着眼前繁忙的施工场景，记者相信，不久的将来，千里黑河必将走出昨日的"弱水"之痛，唱响流远泽长、物阜民丰的生命欢歌，再传新的发展喜报！

（本文原载于《黄河报·生态周刊》，2017年9月23日）

为科学调水加点力

秦素娟　杨　雪　时　爽

导读：

　　黑河是我国第一条开始实施水资源统一管理与调度的内陆河流，在没有经验可循的情况下，在上级正确领导和流域各方配合下，黄委黑河流域管理局用3年时间实现了国务院批准的分水方案，并成功实现了从应急调度到常规调度再到生态调度的不断深化。

　　特别是近几年，黑河流域管理局在水量调度机制、技术管理、法律法规等方面积极创新，逐步探索出一条流域管理与区域管理相结合、断面总量控制与用配水管理相结合、统一调度与沟通协调相结合的新路子，保证了调水工作的有序开展。

　　本文介绍了黑河流域管理局在协商协调机制建设、信息化建设、法律法规建设3个方面的具体做法，以展示流域机构为调水付出的努力。

调水初期，黑河中下游省（区）之间没少红脸。对此，黑河人有着深切的感触，当事双方也并不回避。

内蒙古额济纳旗原旗长苏和谈到往事笑着说："当年在张掖召开的分水会议上我就吵了架。额旗位置特殊，它的战略地位、民族稳定、生态环境等不能不考虑。"

黑河的用水矛盾集中在中下游地区。据《黑河流域近期治理规划》显示，1999年黑河上、中、下游用水比例为1.3∶82.6∶16.1，而中游地区总用水量中农业用水占了89.7%。作为用水大户，中游地区在支撑重要的粮食和蔬菜生产基地的同时，也因农业快速发展、用水量剧增，而使进入下游的水量锐减，河道频繁断流，居延海干涸，额济纳成为新的沙尘暴策源地。黑河调水，刻不容缓。

1999年，黄委黑河流域管理局（简称黑河局）获批成立，代表国家行使黑河水资源统一管理与调度权力。根据国务院确

联合督查现场（中游草滩庄水利枢纽）

定的分水方案，当黑河上游莺落峡多年平均来水15.8亿立方米时，中下游的分界线正义峡断面要下泄水量9.5亿立方米。2000年8月21日，在黑河中游张掖市草滩庄水利枢纽，一纸封条贴在引水闸门上，开始"全线闭口、集中下泄"，为下游输水。

实行黑河水量统一调度无疑是国家的正确决策，但调水之路并不平坦。

在黑河人的记忆里，刚开始调水的几年，中游还未开展节水型社会建设，未实施近期治理项目，中游引水口门设施简陋、落后，渠道输水效率低、水量损失大，灌溉与调度矛盾非常突出，闭口时机、闭口天数、下泄指标是月水量调度会议上争论的焦点，因争执不下而导致会议中断的情况时有发生。张掖市头闸村村民郭龙说起当年"全线闭口、集中下泄"的景况，仍十分感慨："眼看着水从自家门前流过，却不让引水，心里咋能不着急啊。"

面对重重困难和压力，黑河局并没有退缩，而是肩负重任、多措并举、加力前行，一次次成功应对困难复杂的调度局面，实现了和谐调水、团结治水的流域共同发展之路。

团结之力——建立协商协调机制

为更好地协调流域内省际水事关系，积极预防和稳妥处理省际的水事纠纷，实现流域经济社会和生态环境协调发展，黑河局与甘肃、内蒙古两省（区）水利厅共同制定了《黑河干流省际用水水事协调规约》，并成立了内陆河第一个水事协调小组，负责水事问题协调及有关决定执行情况的监督检查，研究有关协调方案和处理意见。

黑河局水政水资源处科长于波介绍，按照《黑河干流省际用水水事协调规约》规定，每年调度伊始，黄委要组织召开黑河水量调度年度工作会议，关键调度期每月由黑河局组织召开月水量调度工作会议，共同研究协商调度方案和计划；针对具体问题，还适时召开临时协调会议，协调解决有关问题，优化修正调度方案。

在草滩庄水利枢纽采访时，记者得知这样一件事：今年7月黑河集中调水期间，中游地区遭遇连续高温，旱情发展迅速，灌区群众非常着急，张掖市水务局及时向黑河局汇报，经过协商协调，比原计划提前1天给灌区放了水，使旱情得到缓解，灌区老百姓非常高兴。

现场督查 （刘龙涛 摄）

"刚开始调水时，注重的是中游闭口天数和正义峡断面下泄水量。随着各项调水措施特别是协商协调机制的不断深化，目前调水更加关注两个指标：一是严格总量控制，下泄水量不

能减少；二是闭口时间要综合考虑中游农作物生长周期、下游生态需水、来水和水文、气象等多种因素，协调处理中游灌溉和调水的关系，采取全线闭口、限制引水、洪水调度等措施，做到科学、合理调度。"黑河局副总工高学军这样告诉我们。

从最初的闭口天数一旦确定就不能改变，到在确保下泄水量的同时，通过协调协商机制处理用水矛盾，尽最大可能满足中下游生产和生态用水需求，实现中下游地区协调发展，黑河已走出调水的初级阶段，踏上科学调水、和谐调水之路。

于波说，经过多年的水量统一调度，流域各方已慢慢有了全河一盘棋思想，初步形成了团结协作、互谅互让的良好工作氛围。采访中，额济纳旗副旗长陈铁军满怀深情地说："黑河局在调水中起的作用非常大，没有黑河局，就没有额济纳生态的变化；中游地区也做出了很大牺牲。我们非常感谢。"张掖市水务局总工李瑛表示："水资源是国家的，上中下游的发展都得兼顾。"连村民郭龙也说："想通了，不调水，额济纳就成沙漠了。"

法制之力——构建制度保障体系

黑河水资源统一管理与调度工作开展的同时，黑河流域相应立法工作也同步展开。2000年水利部颁布了《黑河干流水量调度管理暂行办法》，初步建立了调度原则、权限、监督管理等一系列制度，对于维护黑河水量调度秩序、完成国务院批准的水量分配方案起到了重要作用。

随着黑河流域治理和水量调度工作的深入开展，出现了一些新情况、新问题，《黑河干流水量调度管理暂行办法》逐渐难以满足工作需要。2006年，水利部在认真总结黑河水量统一调度实践经验的基础上，广泛征求流域各省（区）和相关单位的意见，对《黑河干流水量调度管理暂行办法》进行了修订。2009年5月，水利部以部长令的形式颁布了《黑河干流水量调度管理办法》（以下简称《办法》）。《办法》对黑河干流水量调度的管理体制、责任制度、取水许可管理制度、方案的编制程序、应急水量调度制度等方面，都做出了明确规定，为建立黑河水量调度长效机制提供了适合有效的规章制度。这是国家层面针对黑河水量调度管理的第一部规章，开创了依法管理调度黑河水资源的新局面。

《办法》的颁布实施，有效加强了黑河水量统一调度管理，促进了水资源优化配置，对更好地落实国务院批准的水量分配方案发挥着重要作用，对健全流域管理与区域管理相结合的水资源管理体制，促进水资源的科学规划、合理开发产生着

取水许可检查　　　　　　　　　　　　　（李柯　摄）

积极影响。

黑河局在流域生态建设及其法制建设取得成效的同时，清醒地认识到，由于黑河流域资源性缺水的基本特性并未改变，加之流域经济社会的迅速发展，流域管理新老问题并存、新旧矛盾交织：中下游地区开荒扩耕、生产用水挤占生态用水、水资源供需矛盾突出、流域生态环境依然脆弱、流域管理手段单一、现有法规法律层级偏低效力偏弱，在处理流域内不同地区、不同部门之间的利益冲突以及开展黑河流域水资源规划、管理、保护等工作方面仍然暴露出诸多的局限和不足，尚不能为黑河流域管理提供有效的法制保障，制约着流域管理目标的实现。

2010年以来，黑河局组织有关单位开展了《黑河流域管理条例》立法研究工作，完成了立法研究报告，编制了立法项目建议书并上报水利部。围绕条例立法，开展了以流域管理相关法规政策评估、流域取水许可制度、水量调度保障制度、流域生态补偿机制研究为主要内容的研究课题。结合研究成果和黑河流域取水许可管理实际，编制《黑河取水许可管理实施细则》(试行)，印发流域有关省（区）、单位执行。

行政首长责任制是黑河干流水量调度工作的重要保障制度,为切实发挥行政首长责任制在黑河干流水量调度工作中的决策、指挥、协调、监督等关键作用，黑河局开展了《黑河干流水量调度行政首长责任制实施办法》研究，对水量调度行政首长责任主体、责任内容、责任落实、考核评价、责任追究、配套机制等问题进行了分析研究，制定了《黑河水量调度行政首长责任制实施办法(建议稿)》。构建和完善以《黑河流域管理条例》为核心的黑河流域管理法规体系，对加强流域综合治

理、保护生态环境、完善法制建设、保障流域枢纽工程建设和
运行管理，都有着重要而迫切的现实意义。

科技之力——加快信息化建设

澄澈的水面上不时有红嘴鸥掠过，芦苇在微风轻抚下齐齐
折腰，观景台上三三两两的游客闲适又悠然，东居延海就这样
"猝不及防"地出现在了记者面前，近在眼前，却又远在"天
边"。

8月26日，兰州，记者通过黑河局水量总调度中心的大屏
幕看到了远在1000多千米外的东居延海实况，而实现这一"千
里眼"功能的正是黑河水量调度管理系统。

2004年，黑河局启动水量调度管理系统建设。经过近3年
的努力，安装在黑河干流重要水文测站、重要引水口、重要引
水枢纽和尾闾东居延海的自动化信息采集设备，与无线传输、
专线电路、卫星网络等一道，构建完成了覆盖黑河中下游地区
的信息采集网络；通过专线电路及计算机网络设备，黑河局机
关与黑河中游张掖水量调度分中心的计算机局域网实现互联，
并通过专线接入黄委办公外网，实现了与黄委机关及委属单位

黑河水量调度实时监控录像

之间的信息互通。

在黑河局水量总调度中心，通过大屏幕显示系统、电子模拟屏显示系统，实现了对河道断面水情、中游河道引水信息及尾闾东居延海蓄水面积的实时监视，为水量调度工作人员提供了水量调度决策会商环境；在张掖分中心，所配备的办公设施同样为水量调度工作人员和督查人员提供了水调现场办公与会商环境。

与此同时，黑河局建设完成了黑河水量调度决策支持系统，包括黑河水量调度方案辅助编制系统和黑河水量调度信息服务系统。其中，黑河水量调度方案辅助编制系统为水量调度工作人员提供了计算机辅助方案编制；黑河水量调度信息服务系统通过三维地理信息平台直观地展示流域重要水利要素和水情信息。

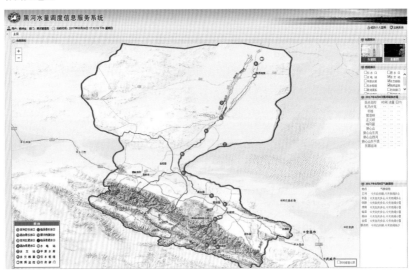

黑河水量调度信息服务系统

黑河局在做好已建信息系统运行维护的同时，逐步升级水利信息化基础设施。2014年，黑河局基于全新的三维地理平台升级了黑河水量调度综合信息服务系统，实现了对黑河基础地理信息、水文信息的显示和查询；开发了黑河水情短信自动转发平台，实现对水情信息的自动接收与转发、实时水情查询、水情统计与分析等功能。2015年，黑河局开发了移动督查信息服务系统，实现了重要引水口、重要水文站、重要河道断面等位置坐标的地图导航，同时现场督查人员能实时查询和上传现场督查信息，为水量调度人员提供信息服务。

多年不懈的水利信息化基础建设，逐步提高了黑河水量调度决策支持的自动化和科技化水平，但是，新时期，黑河流域综合管理又迎来了新的挑战与机遇。

2012年9月，水利部、财政部联合印发《国家水资源监控能力建设项目实施方案（2012～2014年）》和《国家水资源监控能力建设项目管理办法》。根据项目总体部署，重要流域需要开展水资源监控体系建设。同时，自党的十八大召开以来，深化改革和生态文明建设对水资源管理提出了更高更新的要求，也对完善水资源水环境监测网络、进一步提升国家水资源监控能力提出了更加明确的要求。

面对流域水资源管理工作不断深入、要求不断提高的现实，黑河流域已建系统表现出对水资源统一管理与调度信息支撑能力不足、水量调度实时监测体系不完善、生态环境监测手段缺乏等问题。随着国家水资源监控能力建设项目二期（2016～2018年）的实施，2016年黑河流域国家水资源监控能力建设项目启动。

该项目是国家水资源监控能力建设项目的重要组成部分，也是国家水资源管理系统信息的主要来源与基础之一。项目完成后，可以在线监测黑河干流重要断面、中游灌区重要取水口

取水和视频监视信息；实时了解黑河流域内重要城市饮用水水源地、主要地下水超采区、主要水功能区的水量水质信息，及时掌握洪水调度和应急水量调度情况等。

挑战激发潜力，机遇创造机会。黑河局将抓住国家水资源监控能力建设的战略机遇，全力做好黑河流域水资源监控能力建设顶层设计，充分利用现有水利信息化基础设施，以资源整合和信息共享为主要手段，搭建统一的信息化平台，建设以流域水资源统一调度与管理业务为核心的黑河流域水资源管理系统，以水利信息化带动水利现代化，为黑河流域可持续发展提供强有力的技术支撑。

（本文原载于《黄河报·生态周刊》，2017年9月23日）

一枚鸟羽的生态照

秦素娟

这是一枚洁白的鸟羽，长10厘米左右，羽根是一段透明的小管，羽轴两侧排列着细密的绒毛，绒毛们紧紧靠着彼此，形成漂亮的羽片。此刻，它就躺在黑河尾闾东居延海边的湿地上，看上去是那样轻盈而可爱。

东居延海美景　　　　　　　（秦素娟　摄）

　　从当地牧民的讲述中我们了解到，历史上的居延海水草丰美、鸟类众多，它们与他们共享着黑河不远两千里跋涉而来，倾注了满腔深情的这一方水域。但从20世纪中叶以来，中游地区经济社会迅速发展，需水量一路猛增，使黑河背上的包袱越来越重，行走的路程越来越短，送来的水量也越来越少。终于，在历经一次次断流的折磨后，1992年，东居延海彻底倒在了额济纳的土地上，退化成一片刺目的沙地。牧民说，别说人走了，就是开着车也可以从这儿过，腾起的黄沙烟尘能飞出几里地。

　　那是一段痛苦的记忆。牧民失去了生活和灌溉的水源，被迫离开家园，再次走上游牧之路；羊和骆驼失去了赖以生存的食物，有的变成一具白骨，有的与主人彻底分离，恋恋不舍地走向异乡；胡杨失去了生命的水脉，或惨烈地怒指苍天，或无助地叩问大地，直到消耗完体内最后一点水分；鸟儿也失去了繁衍栖息的水草地，成为一群无家可归的弃儿，还好它们有一身自由的羽毛，可以带它们去向远方，不再回头。

东居延海　房脊上的"雕塑"　　　　　　　（董瑞　摄）

　　但这枚鸟羽确实是东居延海的鸟儿留下的。此时，成群结队的红嘴鸥就在东居延海——它们曾经的故土、如今的新家安享着天伦。举目四望，它们有的在房脊上列队静立，仿若浑然天成的小小雕塑；有的在水畔湿地悠然散心，全然不顾游人靠近，自得其乐地闲庭信步；有的在水面上追逐翱翔，每一个俯冲、拉升、侧飞里，都透着欢乐与灵动；还有的盯着游客手里的鸟粮和馒头，"哈哈"叫着拍翅而来，与人们亲切互动，在芦草接天、碧水铺地的大背景下，自动生成一幅和谐美妙的画儿。

黑河下游湿地　起舞　　　　　　　（刘培德　摄）

　　鸟儿重回东居延海，自有它们的道理。附近家庭蒙古包餐馆的主人说，2000年国家决策实行黑河调水，他们得知消息后激动得几天难以入睡。当年，在人工护送下，绵绵黑河水从900千米外的祁连山奔流而下，经张掖市、金塔县、东风航天城，一直来到额济纳达来呼布镇，两年后与阔别10年之久的东居延海再次亲切相拥，泪水与河水汇流交融。餐馆主人和村

民骑着摩托车，一路追着前行的水头，足足跟了十几千米，那种兴奋劲难以言表。在各级的关爱和付出中，截至目前进入狼心山断面的水量达104亿立方米，向东居延海输水9.21亿立方米，相当于65个西湖的水量。自2004年起，东居延海成为沙漠中的天池，从此碧波荡漾，再未干涸。

汩汩到来的黑河水就像拥有神力一般，在东居延海上演着起死回生的奇迹。搬离的牧民踏上归程，枯死的胡杨发出新枝，绝迹的鱼儿重跃湖面，远去的鸟儿再度回还。根据专家监测评定，东居延海水面常年保持在40平方千米左右，湿地面积达30万亩，鸟儿数量为73种3万多只，综合生态环境水平已到达健康等级，一度死去的东居延海亮丽复活！

幸福驿站 （董瑞 摄）

　　收回漫游的神思，再次打量这枚鸟羽——它的确是东居延海的鸟儿留下的。而且，因为曾经的失去，它看起来格外珍贵。我不由蹲下身去，带着与额济纳人民对调水一样的感恩之情，小心捡起这枚鸟羽，郑重地夹入采访本。

　　我这样做，不只因为它如此漂亮；更因为在我心里，它就是居延海环境极大改善的生态照，如此鲜活，值得我们用心相待、久久珍藏。

　　（本文原载于黄河网，2017年9月1日）

穿越死生的相见

秦素娟

出发之前我并不知道，这次采访，竟如此撼人心魄。

根据采访计划，8月30日要到额济纳怪树林去。如果单从字面上看，怪树林应该是一片奇怪的林子。只是不知这片林子是些什么树，它们又怪在何处？

怪树林　悲怆的呐喊　　　　　（秦素娟　摄）

从内蒙古阿拉善盟额济纳旗旗府所在地达来呼布镇出发，向西南行进20多千米，便是怪树林了。走进由枯木搭建而成的围墙和大门，沿着1米多宽的木制小道逐步深入，便看到了那令人惊骇的一幕！

沙地上，横七竖八、站着躺着的，全是树木的遗骸。它们有的在风沙中挺立着，痛苦地扭曲着身子，向天空张开干枯而疯狂的枝条，似乎在悲怆地呐喊；有的艰难地俯下腰身，把合抱之粗的躯干硬是勒成一张弯弓，仿佛在痛苦地呻吟和流血；有的像遭到了残忍的肢解，身体残破成一截截、一块块碎片，七零八落地散布在漫漫沙地上，就像一段段嶙嶙的白骨；还有的就那样呆呆地静默着，任凭风沙一遍遍摧残和磨砺，似乎麻木了，也似乎陷入了遥远的沉思。

怪树林　残骸遍地　　　　　（秦素娟　摄）

工作人员告诉我们，这片怪树林面积约10平方千米，都是胡杨，年龄大的已有成百上千岁了。

胡杨有"不死树"之称,生而一千年不死,死而一千年不倒,倒而一千年不朽。这里的胡杨为何如此惨烈,就像殊死之战后尸横遍野、无法直视的沙场。

怪树林　穿越死生　　　　　(秦素娟　摄)

阿拉善盟水务局副局长乔茂云说,造成这种惨况,主要是因为缺水。

额济纳地处巴丹吉林沙漠腹地,属典型的北温带大陆性干旱、极干旱荒漠草原气候,多年平均降水量约40毫米,蒸发能力却高达3600毫米。境内唯一的地表水为发源于祁连山中段的黑河,因无有效降水,地下水也要靠黑河来水补给。然而20世纪中叶以来,黑河中游地区人口和农业迅速发展,需水量猛增,使进入下游的水量不断减少,下游河道年断流时间长达200余天,尾闾西、东居延海也分别于1961年、1992年相继干涸,额济纳生态严重恶化。随着河水补给日渐匮乏,额济纳的地下水水位也不断下降，胡杨慢慢失去水的滋养，生命渐渐流逝。

怪树林的胡杨是从20世纪60年代开始走向死亡的，他们就像中了魔咒一般，被驱赶着集体去奔赴一场无法逃避的生命之殇，一边苦苦挣扎，一边万般无奈，直到20世纪90年代全部到达生命的终点，成为一片苍凉悲壮的怪树林。走在通向死亡的路上，老树牵着小树，壮年伴着青年，雌株陪着雄株，如果胡杨之间也有语言相通的话，它们会对彼此说些什么？又会对人类无序开发利用水资源、无视水资源承载能力的行为发出怎样的控诉和诘问？

都以为这就是最后的结局了，然而谁也没有料到，怪树林还有起死回生的机会！

额济纳的生态问题引起党和政府高度重视，在国家关怀下，2000年8月，黑河拉开水量统一调度序幕，开始向下游输水，17年来累计进入狼心山断面以下的水量达104亿立方米，下游河道年过流时间已达250余天，额济纳绿洲生态恶化的趋势得以遏制，生态环境明显向好，地下水也得到一定补给，平均水位上升1米以上，大面积的胡杨和怪柳得到抢救性保护，胡杨面

复苏的生命　　　　　（秦素娟　摄）

133

积由调水之前的39万亩增加到44万亩，连怪树林也迎来生命复苏的曙光。

走在怪树林里，我们发现一株合抱粗的怪树，它的树干像被纵向撕裂一样袒露着树心，很多枝条已经干枯，但稀疏的枝头还挂着些许绿意——想来该是奄奄一息，已接近生命的边缘。却全然没想到，这竟是一棵复活的胡杨！

乔茂云告诉我们，有些怪树表面上看起来已经死去，但扎在地下的根还有一丝微弱的气息，就像进入休眠一样，生命并没有真正终结。随着地下水位的回升，大约从2005年开始，零零星星的怪树又发出了一点点小小的叶子，还有的根据繁衍特点，直接从树根上萌发了树芽钻出地面，成为怪树林里新的生

相偎相依 （张毅力 摄）

额济纳旗胡杨人家整装待客

命和生态奇迹！

"3000年的守望，只为等待你的到来。"生态环境改善后，额济纳打出了胡杨的牌子，积极发展旅游。每年金秋，当胡杨树叶一片金黄的时候，来自国内外的游客和摄影爱好者从四面八方涌集到额济纳，当地宾馆和牧家乐到处爆满，平时200元左右的房间狂涨10倍还一房难求，连胡杨林景区边上都扎满了帐篷，给额济纳人民带来了丰厚的生态红利。

现在是8月底，胡杨树叶尚未转黄，还不是胡杨树一年中最美的时节。但在怪树林里，我们却与这里的胡杨有了一场穿越死生的相见。这场相见，既有生命的惊喜，也有生态的警示，令人震撼，发人深思……

（本文原载于《黄河报·生态周刊》，2017年11月11日）

135

蒙文谱写的调水之歌

秦素娟

"一望无际的原野上，清澈的黑河在流淌，真情滋养着这一方，美丽富饶的天堂……"

在额济纳旗旗府所在地达来呼布镇"胡杨人家"牧民定居区的一处小院里，蒙古族大哥巴图孟克拿给我们几张密密麻麻的蒙文，通过翻译得知，这是一首歌曲——《黑河之歌》。

蒙文《黑河之歌》

翻译后的歌词

巴图孟克在额济纳旗水务局工作，既是一名国家干部，又是一位奇石爱好者和民俗收藏达人。难道，在这些身份之外，他还是一位歌曲创作者？

巴图孟克笑着告诉我们，他写这首歌，只是因为黑河实行了水量统一调度，黑河水又来到了额济纳，"我是高兴啊"！

黑河是额济纳唯一的地表水源，地下水也靠黑河水补给，对额济纳来说，黑河就是他们的"母亲河"。巴图孟克也说："没有黑河水，就没有额济纳。"

然而，由于黑河中游地区发展迅速，需水量猛增，进入下游的水量越来越少，断流时间越来越长，作为黑河尾闾，额济纳境内的西、东居延海也于1961年、1992年先后干涸。失水后的额济纳，树木死亡、草场退化、沙尘暴加剧、地下水位下降，人民生产生活和当地生态遭受严重威胁。

巴图孟克的家人都是牧民，原来并不在"胡杨人家"定居区，而在10多千米外的吉日嘎拉图苏木（镇）。家里原有300

多只羊和30多峰骆驼，过的是游牧生活，住的是蒙古包。因为没水，草原上也没了草，他们不得不到100多千米外的地方放牧。20世纪八九十年代，这里的人均年收入少得可怜，吃水只能到仅有的一两口有水的井上排队，有时还要走二三十里路用骆驼去驮水。他说："以前条件很差，没有人到这地方来，偶尔来个外地人，一看就知道不是本地的。"

在巴图孟克拿给我们的蒙文中，还有一首歌是《生命的居延海》。歌中唱道："世代伴随着大漠苍生，守望家乡的蓝色明镜，美丽如画的居延海，轻轻呼唤着美好的前程。"

巴图孟克说，为了挽救额济纳生态，保护以蒙古族为主体的各族人民生活的家园，保障黑河下游航天城用水安全，国家从2000年开始进行黑河调水，就如歌词所唱，"多少英雄豪杰，穿越苍茫的风雪"，经过艰苦努力，使东居延海于2002年进水，并从2004年起再未干涸。"当时，心情激动得没法表达，就写了《生命的居延海》。家里来了亲戚，也要带他们到东居延海去看看。"

配合黑河调水，额济纳旗积极实施退牧还草、生态移民等工程，要把每一滴黑河水都用到刀刃上，大力改善生态环境。巴图孟克一家4口就是在那时退掉大部分草场，搬到了"胡杨人家"定居区，分到了一处四五百平方米的院子和一座60平方米的房子。

定居后，巴图孟克家的羊和骆驼大量削减，但收入并没有降低。他说："国家给的有退牧补贴，仅此一项每人每年3.1万元。家里还开有奇石店，可以做些生意。"现在牧民也不再以放牧为主了，主要是搞旅游业，每年来这儿旅游的人很多。据有关资料统计，2016年，不足2万人的额济纳旗接待国内外游客160多万人次，综合收入20多亿元。

额济纳城区新貌　　　　（额济纳旗政府供图）

额济纳旗街景　　　　（额济纳旗政府供图）

　　"碧波荡漾的故乡圣水，浇灌着这片生命的戈壁"，也灌溉着各族人民的生活。采访结束，走出巴图孟克家的小院，我们再次回头——院内的工人正在"嗡嗡"地加工石头，一棵生机勃勃的枣树挂满红枣，巴图孟克的脸上带着温厚的笑容。看着这一幅和美的图画，我不由在心底祝愿，愿额济纳的生态和当地人民的生活就像《黑河之歌》中所唱的那样，年年"沐浴着绿色的岁月"，永远"守望着幸福的故乡"！

　　（原载于《黄河报·生态周刊》，2017年11月11日）

为黑河行无止境

秦素娟

9月2日，在内蒙古阿拉善明媚的阳光里，随着各大媒体朋友相互握别，"黑河调水生态行"活动也落下了帷幕，但我的心绪还在黑河上萦绕。

黑河是我国第二大内陆河，也是我国第一条实行水量统一调度的内陆河。但这个"第一"并不是一种荣耀，而是一种拯救——拯救河流生命，实质上也是拯救沿岸经济发展、航天建设、民族团结、边疆稳固的水之命脉。

林花谢了春红，太匆匆。从2000年实施黑河调水以来，转眼17年过去了。17年，在历史的长河中甚至算不上一瞬，但17年的6000多个日夜，无论国家领导、相关部委、流域管理机构，还是沿线地方党委、政府、水务部门，无不为黑河调水牵肠挂肚、呕心沥血，这才有了今天黑河健康生命的初步恢复、额济纳绿洲生态的逐步向好、东居延海的碧波荡漾、中下游地区的和谐发展。

"黑河调水生态行"活动于8月26日启动。当天，黑河流

在路上

域管理局所在地兰州秋雨淋漓，颇有几分寒意，但《人民日报》、新华社、中央电视台、《经济日报》、《光明日报》以及《黄河报》、黄河电视站等多家媒体的记者却情绪高昂地齐聚一堂，踏上了近千千米的采访之路。

这是一条辛苦的路。从张掖去往金塔途中，因为修路，记者乘坐的老式考斯特汽车封闭不好，车内尘土飞扬，同时它还选择了严重的跳跃前进模式，颠得人东倒西歪、七荤八素，快要散架一般。半路停车修整时，一位记者抚着胸口苦中作乐说："不行，我得下车重装一下。"惹得一车人爆笑。阿拉善太辽阔了，从这一站赶往下一站，一走就是大半天，最多的一天，除了中午吃一碗面条的间隙外，连续疾驰8个多小时，到达目的地后，未进宾馆，便直接进了会议室。内蒙古不比中原，在沙漠、戈壁中采访，感觉太阳就像悬在头顶的炙烤灯，体内的水分像要被吸干一样，直到下午四五点钟，强烈的阳光还晒得人皮肤火辣辣地疼。

　　这也是一条感动的路。采访中记者看到，黑河中游地区为完成给下游输水的指标，目光向内倒逼节水，当地群众也从最初的强烈抵触到被动接受，再到理解支持，心路转变确实不易。在下游，少数民族同胞回忆了缺水时胡杨枯萎、草场退化、牲畜饿死、沙尘暴肆虐等惨状，也讲述了来水时追着水跑的激动、对调水决策的感恩、生态环境的恢复和如今的幸福生活，前后对比让人动容。流域管理机构更是为了调水工作上下沟通、左右协调、前后奔走，甚至付出了生命的代价，其中的艰辛酸楚不堪回首。额济纳旗副旗长陈铁军说："黑河局在调水工作中所起的作用非常大。在额济纳一说黑河局，没有不知道的。"记者的付出也令人感动。由于路途遥远，为赶时间，中午一两点或晚上七八点吃饭很是正常。从出发当天开始，无论中央媒体还是流域媒体，记者白天忙着采访，晚上赶稿传视

采访　　　　　　　　　　（高学军　摄）

丰收

中游节水农田

频，第二天便可上稿，很多房间的灯光都是亮到凌晨两三点钟。

这更是一条发展的路。黑河中游节水农业成果喜人，张掖市现已成为我国重要的玉米制种基地，种子销量占全国同类市场份额的4成左右。地处额济纳旗境内的酒泉卫星发射中心用水无虞，官兵生活需求和卫星成功升空得到保证。17年来，黑河正义峡断面累计下泄水量185.37亿立方米，进入狼心山断面以下水量104亿立方米，黑河水滋润了额济纳绿洲，东居延海也实现连续13年不干涸，其周边生态已基本恢复到20世纪七八十年代的水平。额济纳生态的改善也极大地拉动了当地旅游业的发展，2016年全旗共接待国内外游客160.1万人次，综合收入22.4亿元，原来只有一条街道的额济纳，现已发展成为一座塞上新城。

就在记者为调水取得的丰硕成果欢欣鼓舞之时，黑河流域管理局已把目光投向远方。该局局长刘钢告诉记者，经过17年调水虽然取得了明显成效，但黑河生态只是在局部上有了改善，整体生态环境还很脆弱，未来还需继续努力，比如加强顶层设计，积极推进流域综合规划；完善科学管理调度手段，加快黄藏寺水利枢纽工程建设；大力推进黑河立法等。

那就让我们继续携手努力吧——为了黑河行水无止境，为了黑河行动无止境！

（本文原载于黄河网，2017年9月4日）

黑城脚下，那绿色梦想的探路者

——记额济纳旗治沙老人苏和

秦素娟

直到现在听起来，苏和当初的决定还是太出乎人们的意料。

13年前的2004年，苏和57岁，是内蒙古自治区阿拉善盟政协主席，正厅级干部。那一年，他向组织提出申请要提前退休，原因无关家庭、无关身体、更无关待遇，而是他想到阿拉善盟额济纳旗黑城遗址大漠去植树治沙。

一片冰心在黑城

黑城建于公元9世纪的西夏时期，其遗址是古丝绸之路北线上现存最完整、规模最宏大的一座古城遗址。黑城旁边原有古弱水流过，因在战争中筑坝断水而被攻破，随后废弃，至今已600余年。

阿拉善盟水务局副局长乔茂云告诉记者，古弱水就是今天的黑河，它是额济纳境内唯一的地表河流和唯一的地下水补给

145

水源。但20世纪五六十年代以来，进入黑河下游的水量锐减，年最长断流时间达200多天，黑城遗址及周边地区严重沙化，随着流沙侵蚀，遗址已有多处埋于黄沙之下。

苏和说："我就是想在黑城边闹（种）点儿林子，保护黑城。"

苏和种植的梭梭树 （董瑞 摄）

其实苏和早就有这样的想法了。1992年，还在额济纳旗担任旗长时，他就想在黑城旁边种植树木以阻止流沙侵蚀，并且还打了一眼井，但因调到盟里工作，计划就此搁浅。

"调走以后我还来过几次，看到沙子一次比一次高，心想，唉，再过十年八年，黑城就要被埋没了。"说起此事，老人格外忧心。

2000年，听说日本治沙绿化协会会长远山正雄是治沙造林的好手，苏和心中再次燃起治沙的火苗。借到北京开会的机会，他与远山正雄进行了洽谈，经过两年治沙试种后，双方签订协议，以日方为主在黑城边开展治沙绿化，以期借他山之石攻下黑城周围的沙地。但这一愿望很快就破灭了。2004年5月，日方派人来负责造林，只待了1个月，一走就再没回来；6月，日本治沙绿化协会秘书长来到额

苏和向记者介绍植绿治沙情况　　（董瑞　摄）

济纳，经商谈终止了协议。

谁愿意在这儿干呢？没人。这里没路、没水、没电，只有一片茫茫沙地，方圆几千米都没有人烟，"连额济纳人自己都不愿在这儿待"。

这成了苏和的一块心病——"黑城等不得啊！"

我以坚守换绿色

得到组织批复后，2004年9月，苏和提前退休，带着老伴来到了黑城边。有人说他想去黑城挖宝，有人说他想出风头，更多的人则预言他待不了多久，而苏和这一待，就是13年。

起步的第一年，风沙遍地，没有住处，两人早上从25千米外的旗府所在地过来，中午吃带来的馒头，直到天黑再回去。第二年，他们在淘出的水井旁盖了3间小房，为节省开支，两人就到建筑工地捡拾可用之材，还自己背料，出钱找人盖。但由于没有经验，外面刮大风，里面刮小风，屋里每天都是一层沙土，但就是这样还是住了下来。

老人说起这些的时候，没有一点愁苦之态，反而不时发出爽朗的笑声。在这笑声里，那夏天最高温度40多度、地表最高达80多度的严酷，那一夜之间被骆驼啃光梭梭苗的心痛，那每年8个月的坚守、5年不通路的跋涉、8年没有电的煎熬，那一棵一棵栽种、一桶一桶浇水的艰辛和沉重，似乎都轻飘飘地过去了。

但记者在采访中了解到，早在2000年左右，苏和就得了

治沙老人苏和　　　　　　　　（资料图）

昔日治沙场景　　　　　　　　（资料图）

糖尿病，一天要打两次胰岛素。老伴德力格在工厂工作时，落下了严重的腰痛病，每天早上起来都不敢直接下地。有一年春天，苏和从阿拉善开车到黑城，途经一处漫水桥，由于水大只好绕行，当车驶过一处冰面时，后面的冰"咔嚓"一下就塌了，他只好硬着头皮加速冲过，车刚到岸边，整个冰面就全部塌陷，那情景至今想来还让人后怕。对两人来说，每年四五月间是充满希望的植树好时机，但也是经济最紧张的时候，买苗、种树、浇水、管理都需要费用，繁忙时还要雇用民工。根据记者要求，苏和粗略估算了一下：植绿治沙13年来，不算投力投劳，他个人投入的资金就达40余万元。

在一天一天的辛劳和孤寂中，时光变得格外漫长，如今，13年过去了，苏和并没有像当初人们预测的那样待不了多久，而是用不懈的坚持和付出，在黑城脚下的沙地上探出了一条路，捧出了一片林。据统计，原来残存的4500亩梭梭林经围封

保护，现围封面积已发展到2.3万余亩，其中他自己种植的就达3000余亩。在苏和居住的小屋前，有一棵4年龄的梭梭，整棵灌木直径接近两米，而且记者站到跟前举直了手臂都没有它高。

谈起治沙的心路历程，苏和说："刚开始的几年，几乎没有一点成效，也确实灰心过，但是坚持、坚持、再坚持，就过来了。人还是要有些精神的，没有精神什么也干不成。"

治沙路上不了情

艰苦与付出苏和从没有放在心上，他放心不下的，一是水，二是梭梭们的未来。

梭梭是沙漠里最易成活的植物，别的地方种梭梭，在挖好的坑里浇1次水，基本就能成活，但在黑城边，要浇3次。起初，苏和用十几天时间，把一眼废弃的井淘了出来，一桶一桶地拎着浇水，后来随着梭梭林一点点扩大，在各级政府、社会团体和志愿者的支持下，又陆续打了几眼井，部分地方还铺设了管道，再通过更细的管子直接插到梭梭根部进行滴灌。他说："现在深100米左右的大井有4眼，20多米深的小井还有几眼，水多了，梭梭成活就有保障了。"

乔茂云告诉记者，国家从2000年实行了黑河水量统一调度，这些年来，额济纳绿洲的地下水得到了补给，水位有了一定回升，不仅为治沙造林提供了水资源支撑，生态环境也得到改善，连黑城附近怪树林里枯死的胡杨也有了复活的迹象。

额济纳有水了，但苏和对水的担心一点也没变，每天他都在观察水井，并且坚持测量水位。采访中，他不止一次地说："这些年多亏了黑河调水。黑河没水，额济纳旗就生活不下去；治沙没水，连一棵梭梭也种不活啊。"

随着绿色面积慢慢扩大，苏和也步入古稀之年，考虑他的身体状况，有人提出将林子交给他人接管。他说："看着梭梭一棵棵长起来，我真舍不得。即使有一天要交，也要交给有事业心、有责任心，真正想搞绿化、想保护黑城的人。没交之前，我还要量力而行，有多少钱就办多少事，有多少力就种多少树。"

告别时，记者再次凝视苏和，发现他衣服上的图案是两个相跟着跋涉前行的人，旁边是几根细小的枝杈，并且还有这样几个英文单词：FOLLOW YOUR DREAM ,TOREAD。翻译过来就是：追逐梦想，探路者。那景象，不正如老人夫妻两个和他们刚刚种下的梭梭么……

（本文原载于《黄河报·生态周刊》，2017年11月11日）

出走与回归

——访牧民谢宝柱

杨　雪

再次联系谢宝柱是11月8日，此时距"黑河调水生态行"采访活动结束已有两个多月的时间，额济纳一年一度的国际金秋胡杨生态旅游节也已结束，估摸着他该有些闲暇的时间了，也该有些"新信息"了，记者才拨通了电话。

记者采访牧民谢宝柱　　　　　（董瑞　摄）

　　电话拨通时谢宝柱的声音听起来有些疲惫，原来，刚刚结束旅游接待他已经又转场到了牧区，几十只羊等着他"伺候"，有些疲惫也难怪，就这样，居延海边的牧民又开始了新一轮的劳作。

　　今年48岁的牧民谢宝柱从小就生活在居延海边的苏泊淖尔苏木（镇）策克嘎查（村），谈起居延海的过往，谢宝柱的回忆一下就推到了儿时。"小时候我帮集体放养200多头骆驼，那时候居延海的水还可以，周围草也不错。但是从（20世纪）70年代中期开始，居延海的水就越来越少了，甘肃那边下点雨，水才会稍微多一些。再往后，到了80年代中后期，居延海几乎就没水了。"

　　历史上正因为居延海水量充足，湖畔是美丽的草原和肥沃的土地，才使这里早在汉代就开始了农垦历史，成为我国最早的农垦区之一。也正是这里丰美的水草，留住了不远千里回归故土的东归英雄土尔扈特人在居延绿洲定居至今。然而随着黑河触手的渐远，原本拥在一起、缠在一起的黑河与居延海渐渐分离、萎缩，直至黑河不至，居延海不再。

　　没有了水，居延海边世代以放牧为生的牧民们只能背井离乡，寻找别的草场，以维持生计。谢宝柱说，他们嘎查（村）里最远的有迁移到离额济纳旗280千米外的马鬃山的，也有迁移到200千米外古乃湖的，百十户的嘎查（村）走了有几十户，而他本人也在1987年到水草相对较好的酒泉市金塔县待了3年，依然以放养骆驼为生。

　　中国文化里故土难离的传统思想依然深深地影响着许多现代农民与牧民。在金塔待了几年后，谢宝柱还是卖掉了骆驼回到了荒凉的额济纳旗，开始在煤矿和盐厂打工。

　　谢宝柱在当地牧民中应该是属于头脑比较灵活、思路比较开阔的，对未来的生活也充满期望。1995年前后，他开始在额济纳旗搞起了餐饮生意。真正的转机发生在2000年，他从媒体上看到了黑河调水启动的消息，儿时对居延海美景的记忆再次涌现在了脑海中，对未来的全新规划也同时慢慢展开。抓住机遇，谢宝柱开始尝试在居延海边搞餐饮，经过几年的摸索，2003年，他所经营的以餐饮为主兼有住宿的牧家乐终于步入了正轨。从最开始的1个蒙古包、1个帐篷迎客，到如今经过十几年的发展，谢宝柱在居延海边的牧家乐已经拥有了8个蒙古包，不仅如此，如今他还身兼着策克嘎查（村）副主任一职。

东居延海芦苇连天　　　　　　　　　　（秦素娟　摄）

　　当年谢宝柱的牧家乐正式迎客时，还是居延海边的第一家也是独一家，已有些水量的居延海里又开始生长起了大头鱼，这也成了谢宝柱家牧家乐的主营菜品，"一年能挣几千块钱，剩下的时间就还是放牧。"回忆起创业之初，谢宝柱轻描淡写地几句话便概括了。而说起居延海边旅游业的发展与现状，谢宝柱虽然依旧话不多，但每一步在他的脑海中都十分清晰。"到居延海这儿旅游的人数逐年增多是从2010年开始的，每年旅游旺季从9月20号开始，10月1号到15号人多得车都进不来。也正因为游客多了，牧家乐的队伍也跟着发展壮大起来。现在居延海景区一共有11户搞餐饮的，加上出租骆驼的和卖小商品的，全景区里有30户左右村民在搞经营。"居延海边的游客多了，谢宝柱的收入也多了。比起起步之初的几千块利润，如今牧家乐每年给谢宝柱带来的毛利大约有20万至30万元，仅在2016年旅游旺季1个月，他就收入七八万元。"2010年禁牧后，我原有的1050亩草场就只保留了几十亩耕地，现在全村90%的牧户都参与禁牧了。"黑河水在为居延海送来生机的同时也为额济纳的农业发展带来了机遇，而这生机与机遇则又为大片草场得以休养生息创造了条件。黑河水的到来，更为祖祖辈辈生活在居延海边的农牧民带来了新的希望。"以前在马鬃山放牧的村民现在也基本都回来了。"说到这些回归的村民，谢宝柱脸上露出了温暖的笑容。

再次联系上谢宝柱时他已在牧区开始了新一轮的劳作。虽然大部分的草场已经禁牧，但依然有一小部分得以保留。草场面积的大规模缩小也让牧民的养殖规模与形式发生了很大的变化。"现在只养了十几只羊，吃的也基本都是饲料。"谢宝柱说。谈起刚结束的旅游节收入，谢宝柱的情绪并不如记者设想的那般高涨，甚至可以用轻微的失落来形容。"今年旅游节收入一般，大概也就是6万块左右。来的人不少，但是在我这儿住的人少了，应该是和镇上的宾馆越来越多有关系，可以选的余地比较大了嘛。"

黑河水来了，居延海活了，胡杨林绿了，地下水位逐年回升了，谢宝柱的生活好了，更多额济纳牧民的生活也随着黑河

水的到来发生着变化。据统计，额济纳旗2016年的旅游人数已达160.06万人次，旅游综合收入达22.4亿元，这其中受惠的既有谢宝柱和他那些回归的乡亲们，当然也有如今和他"抢生意"的镇上宾馆。

浩瀚湖面

"（我）最想的就是居延海啥时候都是这个样子，啥时候都是满满的，芦苇啥时候都长得好。啥时候来额济纳都有水，额济纳人民也就啥时候生活都好了。没水就啥也没办法搞，说实在话就是难以生存。"谢宝柱朴实的话语表达着朴实的愿望。

而这朴实的愿望也正是黑河调水人努力的目标与动力。黑河水、黑河水量调度改变的不仅仅是自然环境，更是人们的生活方式、对未来的期望以及人与自然和谐相处的理念。

（本文原载于《黄河报·生态周刊》，2017年11月11日）

156

记忆中居延海的变迁

段景坤

2016年10月，我去内蒙古自治区额济纳旗出差。一天下午接到父亲的电话，他问我在哪儿，我说在居延海。他笑了笑说，是那个骆驼喝水的水坑吗？我不由得一怔，以为父亲说的是另一个地方，因为我眼前分明是像海一样的水面，碧波在阳光下闪烁着有些刺眼的光芒，水鸟在天空盘旋，芦苇随风摇曳。于是我对父亲说，不是吧，水面很大呀，这分明像大海一样，起码也算是湖吧。

我曾经从书本上知道一些居延海的情况。居延海距内蒙古阿拉善盟额济纳旗达来呼布镇大约50千米，历史上水美草丰，是我国最早的农垦区之一，还是穿越巴丹吉林沙漠和大戈壁通往漠北的重要通道，也是兵家必争必守之地，卫青、霍去病、李陵都在此与匈奴展开过激烈交战。所以父亲口中所说的水坑我并不相信，于是我问身边的当地人："这里水面那么大，为啥我爸爸却说是个水坑呢？"当地人笑了笑说："水坑也是调水之前才有的。这里自1961年以来，一直被荒漠覆盖，到1992

157

年彻底干涸。你父亲来的时候应该是调水之前，那时候，真的很难。调水之前，东西居延海的消亡，加剧了额济纳的生态环境恶化：红柳树、沙枣树成片死亡，75万亩胡杨树锐减至39万亩。沙尘暴天气频繁，绿洲边缘的地下水位严重时下降至7米。全旗的水井几乎全部干涸，人们吃水得排队取水，农牧民为了抢水常常发生争端。"

当我还沉浸在当地人对居延海的讲述中时，电话那头爸爸又对我说："那年你还小，我带你和妈妈来过这里，你不记得了吗？"我愣了愣，开始努力找寻童年的记忆。

祁连山门源湿地　　　　　　　　（脱兴福摄）

小时候我记得父亲经常出差，时间有长有短，但是1999年那一次却出去了好久，直到有一天妈妈告诉我，今年国庆节我们要去看爸爸的时候，我才意识到爸爸已经两年未归。2000年9月底，我们踏上了西去的火车，经过两天两夜的颠簸到达了张掖，与前来接我们的父亲会合，坐上汽车前往一个未知的地方。从他们的言谈中我得知那个地方叫额济纳旗。那是我人生中第一次到达那么远的地方，第一次见到大漠戈壁、成群的骆驼、很多奇形怪状的枯树，也是第一次见到当地人那琢磨不透的眼神。当时年幼的我还看不懂，现在想来那应是一种忧愁、企盼的眼神。

当时我并不知道父亲为何来到这片不毛之地，也不知道何为调水。我只知道我十分厌恶这个地方，因为这里风沙漫天，水是苦的，天是灰暗的，一眼望去不见丝毫绿色。最让人受不了的是经常性地停水，我天天吵着要回家。那年我们在额济纳旗逗留了10多天，其间参加了第一届胡杨节。记得那一天节目很多，但是观众并不多。人们围坐在一小片金黄的胡杨林下，本应该充满欢声笑语的演出，却环绕着一种说不出的伤感。

作者2000年在额济纳留影　　　　作者2016年在额济纳留影

16年后我走在父辈曾走过的路上，也知道了黑河流域当时的缺水形势是多么严峻：20世纪60年代以来，由黑河上中游进入下游的水量逐渐减少，河湖干涸、林木死亡、草场退化、沙

尘暴肆虐等生态环境问题每一天都在加剧。当时，为合理利用黑河水资源和协调用水矛盾，国家领导人多次亲临黑河流域视察，国务院有关部委积极采取措施，组织协调解决黑河水资源紧缺和生态环境问题。自2000年黑河流域管理局在兰州正式运转以来，作为首批由黄河水利委员会选派过来参加调水工作的父亲在这里工作了整整5年。我不知道他们当年面对的是怎样的困难，也不知道他们付出了多大的努力。我只知道黑河调水的每一步都蕴涵了探索的艰辛，辉映着付出的精神，展示着人与自然共同发展的和谐美妙。

我想沿着当年的道路找寻16年前儿时的零散记忆，却发现这真的不是一件容易的事情。记忆中枯死的胡杨已经重新焕发生机，而一望无际的沙漠也被星星点点的植被所覆盖。原来这调水17年来，东居延海已经连续13年不干涸，300万亩濒死的柽柳竟然大批起死回生，胡杨林面积由39万亩增至44余万亩。当我谈起我还参加过第一届胡杨节，感觉办得冷冷清清，并询问现在胡杨节的举办情况时，身旁的当地人明显兴奋起来，自豪地告诉我："胡杨林已成为摄影爱好者的天堂，胡杨节期间，人们潮水般涌来，观赏、拍照，宾馆旅店爆满不说，路边也会支满帐篷。"

现在这里的一切都变了，当年人们那企盼、渴望和不安的眼神没有了，取而代之的是幸福、欢乐的目光。如果真的有什么东西没有改变，那么应该是这里人们始终洋溢在脸上的热情好客的笑容。

挂了父亲的电话之后，我们离开了居延海。临走前和当地的工作人员一一道别。我向他们致谢，感谢他们下午的陪伴与讲解，可是话音未落却发现他们一个个都严肃起来，有位皮肤黝黑的汉子说："不要谢我们，我们应该谢谢黑河调水，是黑河调水，彻底改变了这里。"

是的，真的要感谢国家决策，感谢流域机构的责任担当，黑河统一调度改善了额济纳旗居延海的生态环境，濒临死亡的植被获得新生，曾经的风沙源重新焕发出勃勃生机。

（本文原载于《黄河报·生态周刊》，2017年11月11日，图片由作者提供）

额济纳旗：因黑河而生 因黑河而美

段景坤

　　额济纳旗地处我国北部边疆，位于内蒙古自治区阿拉善盟最西端，总面积为11.46万平方千米，是内蒙古自治区面积最大的旗（县）。

黑河下游乌苏木分水闸

林中秘境 （段景坤 摄）

额济纳旗降水稀少，蒸发量大，几乎形不成地表河川径流，黑河是旗内唯一的地表水源。黑河水在正义峡进入下游，于狼心山分成东河和西河，漫流于绿洲中部，最后汇入东、西居延海。

在黑河水的滋养下，曾经的额济纳拥有丰美的植物和繁多的野生动物。但随着经济社会发展，中上游用水量增加和无序开发，以及黑河径流自然变化等因素影响，进入黑河下游河道的水量开始逐年减少，额济纳河过流期明显缩短，西、东居延海的面积也逐渐缩小，并于1961年和1992年先后干涸枯竭，成

为龟裂盐壳地和砾漠覆盖区。额济纳生态环境的急剧恶化，对我国整体生态，乃至国防建设都造成了不利影响。

为解决额济纳生态系统严重失衡的问题，从2000年开始，黑河流域管理局开始组织实施黑河干流水量统一调度。2002年7月，黑河水头到达东居延海；2003年9月，黑河水头到达西居延海。国务院制定的黑河流域分水目标成功实现，东、西居延海重现波涛滚滚的景观，额济纳生态得到明显改善。

胡杨林景区中的游客　　　（董坤杰　摄）

随着生态用水的增加，额济纳的胡杨林开始复壮更新。每年秋季，额济纳胡杨节更是吸引着各地游客纷至沓来。广袤的绿洲、浩瀚的居延海、美丽的胡杨林，随着黑河水量统一调度的进一步推进，额济纳昔日的美景正在重现。

（本文原载于《黄河报·生态周刊》，2017年11月11日）

黄藏寺：守得云开见月明

岳林锟

黄藏寺，一个祁连山深处的小村庄，只有很少地理知识渊博的人知道，中国第二大内陆河——黑河与其支流八宝河在离此不远的峡谷里汇聚，由此北折，穿过险峻的黑河大峡谷，纵贯河西走廊，流向内蒙古沙漠深处的居延海……

黄藏寺砂石料加工系统　　　　　（黄峰　摄）

黄藏寺水利枢纽，一座控制整个黑河流域水量调度的龙头水利枢纽工程，从2003年开始，成为黑河流域管理者们日思夜想的名字，一个黄河水利人魂牵梦绕的名字……

2016年3月29日，黑河黄藏寺水利枢纽工程正式进入开工建设阶段。

15年的梦想，从这天开始即将成为现实。

58个月的坚守，从这天开始成为建设者的未来。

2017年8月26日，"黑河调水生态行"采访组来到位于祁连山深处的黄藏寺工程，了解这个黑河调水的"法宝"。

梦想，照进现实

从黑河流域管理局驻地兰州市出发，坐两个多小时的高铁，来到因油菜花而闻名全国的门源县。小雨一直淅淅沥沥下个不停，高原用些微的寒意迎接着我们这群远道而来的采访者。

门源油菜花海 （石培理 摄）

从门源到祁连县，车子在翻越垭口的时候，我们碰上了一场意料之外的雪。接我们的司机师傅是两个月前来到黄藏寺水利枢纽工程建设管理局的，他说他也没想到高原的寒意会来得这么早，回去他还要赶紧买一些厚衣服。

黄委新闻宣传出版中心主任李肖强说，2003年黄委开始组织编制《黄藏寺水利枢纽项目建议书》，当时来祁连县考察坝址，需要从黑河峡谷边峭壁公路之上徒步而行。一边是巍峨耸立的祁连山脉，一边是波涛汹涌的黑河水，怀揣梦想的水利人在高海拔的山路上踽踽而行，只为寻找那理解的坝址。

黑河流域管理局局长刘钢曾经多次考察黄藏寺坝址，他

祁连秋色 （脱兴福 摄）

十分清楚这个工程对黑河的意义。他说："黑河是一条跨省（区）内陆河流，水资源贫乏且时空分布不均，水生态安全问题极为突出。2000年以来，黑河水量调度主要依靠'全线闭口、集中下泄'的行政措施，虽然取得了明显成效，但还有许多工作要去完成。从长远来看，维护黑河健康生命，需要采取工程、科技、经济、法律、行政等综合手段，对流域水资源实施统一管理和调度。而建设骨干调蓄工程，是合理配置、高效利用黑河水资源最直接、最有效的措施。"

尽管黑河水量统一调度取得了明显成果，但因黑河缺乏骨干控制性工程，无法跨时空调节水量，无法解决经济社会和生态保护要求的水资源可持续利用，建立完善的黑河水量调度管理体系，建设黑河干流控制性枢纽工程——黄藏寺水利工程，势在必行。

此后十余年，数批水利人行走在祁连县的大山之中，行走在河西走廊的农田之间，行走在额济纳旗的荒漠之上，为黑河生态调水奔波劳苦。

2013年10月，《黄藏寺水利枢纽项目建议书》获得国家发展和改革委员会正式批复。

2014年5月，国务院确定建设172项节水供水重大水利工程，黄藏寺水利枢纽入围。

2015年10月，国家发展和改革委员会印发了《关于黄藏寺水利枢纽工程可行性研究报告的批复》。

2016年3月29日，黑河黄藏寺水利枢纽工程正式进入开工建设阶段。

梦想，终于照进了现实。

坚守，不负时光

车子翻阅垭口之后，雨雪渐止，一条湍急的河流出现在我们的左侧，司机师傅说："这就是八宝河。"

刚到祁连县城，许是为了让我们欣赏到它的美丽，阳光居然穿越云层洒了下来。

县城背后的卓尔山巍峨挺立，如同刀削的红色峭壁显示着地质变化的沧桑；路旁的八宝河此时温顺驯服，两边的树木郁郁葱葱；对面的牛心山上，氤氲缭绕，仿若仙境。

尽管还是8月份，黄藏寺水利枢纽工程建设管理局副局长杨建顺已经穿上了薄羽绒服，他告诫我们千万不要做剧烈运动，觉得不舒服的时候要停下来深呼吸几次。他说："人们把这里叫作东方小瑞士，到夏季的时候游人如织，如今天气已经转凉。几天来的阴雨天气，已经使这里温度下降了许多。再过一个多月时间，部分当地人会去西宁过冬了。"

干劲 （黄峰 摄）

但是他们还要坚守在这里。

黄藏寺水利枢纽工程主体工程建设期为58个月，在有限的工期内，他们要争分夺秒，保证工程进度按时达标。即便冬日气温降至零下二三十摄氏度，手机都无法正常使用的情况下，建设者依然坚持在第一线。

条件尽管艰苦，但各地工程建设人才依旧络绎不绝地奔赴这里。杨希刚说："从黄委第一次提出建设黄藏寺工程到现在，整整20年，我们见证了工程从最初的论证到项目建议书批复、可研报告的编制、审查和前置条件办理以及可研报告批复的全过程。"

导流洞全断面贯通　　　　　（黄峰　摄）

在办公室里，我们看到了更多忙碌的年轻人，他们来自全国各地。综合办公室的蔡士祥老家在安徽，爱人还在新乡市工作，未来他准备也让她过来，在这里安家。他说："刚来这里的时候，受高寒高海拔气候影响，很多同志难以适应，因为氧气含量相对较少，一个晚上总要醒好几次。"但是为了保障工程建设顺利，解决好一个又一个难题，他们每天晚上都要挑灯夜战。如今，他们几乎一挨着枕头就能睡着。

在工程现场，说起工程的综合效益，杨建顺如数家珍：作为黑河水资源统一管理和调度的"驱动器"和"撒手锏"，黄藏寺水利枢纽工程的建成有利于实现国务院批复的黑河水量分配方案，有效提高中游灌区用水保证率，减少闭口次数，缩短闭口时间，减少中游河道输水损失；有利于改善正义峡和狼心山断面来水过程，统筹调节汛期降水、灌溉需水、下游生态用水过程；有利于改善中游供水现状，提高灌区供水保证率；有利于提高水资源利用率和效益，替代中游19座平原水库，减少水库蒸发渗漏损失，推动引水工程节水改造；可为当地提供清洁水能资源，促进青海省祁连县、甘肃省张掖市等地区相关产业发展。

雄浑的祁连山　　　　　　　　　　　（黄峰　摄）

在施工现场，承担导流洞施工的甘肃省水利水电工程局有限责任公司的胡广军告诉我们，作为一个生态工程，在施工过程中，他们高度重视环境保护，对周边的林木呵护有加，对场地公路的洒水降尘毫不含糊，尽量利用原有空地减少挖填量，避免对周边草场及生态环境造成任何不必要的破坏。"这么美的山水，值得我们珍惜和保护。"他最后说。

8月28日早上，我们离开祁连，奔赴内蒙古额济纳旗，小雨又淅淅沥沥地下了起来。然而，拨开云雾见天日，守得云开见月明，相信有这批可爱的人坚守，梦想终将实现。

正如这漫长的旅途，经过数百千米的荒漠地带，我们才会在额济纳旗的路边再次见到滔滔滚滚的黑河水，生机盎然、傲然挺立的胡杨……

（本文原载于《黄河报·生态周刊》，2017年9月23日）

黑河畅　居延焕新生

——写在东居延海连续13年不干涸之际

李银鸽　董　瑞

从额济纳旗驱车前往东居延海，路边的景象突然变得令人惊喜：道路两侧不再是一望无际的荒滩戈壁，而是满目青翠，

黑河下游湿地　弱水清清白鹭闲　　　（刘培德　摄）

红柳婀娜。居延海景区内，芦苇在碧波中随风荡漾，水鸟在湖面上起舞轻唱。

然而，这份脆弱的美丽依然来之不易！

8月20日，通过黑河流域水量统一管理和调度，黑河尾闾湖泊东居延海连续13年不干涸，再次刷新历史纪录。目前，东居延海水域面积达41.3平方千米，库容6620万立方米。根据居延海湿地管理局提供的数据，居延海湿地面积达30万亩，栖息候鸟种类由2016年的68种增加至73种，栖息候鸟数量达3万余只。"目前，东居延海的水面基本可以维持下来。我们现在要做的就是进一步提高用水效率，更好地保护生态环境。"内蒙古自治区额济纳旗水务局副局长李发斌表示。

东居延海芦苇摇曳

历史上，额济纳这片土地曾经水草丰美、牛羊成群，人们的生活安宁而富足。但从20世纪中叶，由于黑河流域人口剧增，人与自然争水现象严重，水源减少，黑河尾间居延海的水域面积逐渐萎缩。1961年，曾经拥有350多平方千米湖面的西居延海悄然消失；1992年，东居延海也干涸枯竭。原本是西北戈壁硕果仅存的湖泊，枯竭之后的居延海却成为我国北方沙尘暴主要发源地之一，陷入"沙起额济纳"的无奈境地。

现已退休的额济纳旗劳动人事局原党支部书记达布希拉图亲历了这个过程。年少时的他和父母住在黑河边，养骆驼和羊维持生计。1976年后黑河断流日益严重，水源短缺让他们生活陷入困顿。1984年，无计可施的达布希拉图一家迁离黑河故道。

2000年，黑河流域管理局在国务院、水利部和黄委的全力支持下，紧急启动黑河干流水量跨省（区）统一调度，保证每年3～4次集中调水，挽救额济纳逐渐消失的绿色。黑河水终于又注入了满目盐碱黄沙的居延海，西北大湖重获新生。同时，

东居延海　和谐之舞

也切断了西侧已沦为沙海的西居延海同东侧巴丹吉林沙漠之间的联系，进而遏制北方地区沙尘暴的生成。

至今，东居延海已连续13年不干涸！居延海及其河道的复活也使周边地区的生态环境得到改善。

如今，达布希拉图一家从黑河故道搬至东居延海进口。已经退休的达布希拉图成了一名义务生态保护宣传员，他时常告诫身边的牧民，放牧不能破坏环境，保护生态得从自己做起。的确，生态环境破坏的代价太大，不能再承受第二次。"有黑河水的地方就有生机。"达布希拉图对这句话有着切身体会。

近几年，黑河下游水量偏多，除了上游来水偏丰这一"天帮忙"的客观因素外，更离不开流域各方"人努力"的主观行动。

黑河流域管理局在水量调度实践中，逐步探索出包括春季水量调度、适时限制引水、洪水调度、关键调度期集中调度等

黑河中游龙渠

措施，并采取加强水量调度督查、禁止开荒扩耕、生态水量调度效果评估等手段，创新调度模式，调度成效显著。

心声——小小居延海，连着中南海

特别是2017年，黑河流域管理局深入开展用水需求调研，加强与地方各级水务部门的沟通协商，科学编制水量调度方案，首次召开一般调度期水量调度工作会议，成功组织实施了融冰水水量调度和春季水量调度。进入关键调度期，进一步强化实时调度，适时启动的集中调水、限制引水和洪水调度措施落实到位，取得了较好的效果。

据统计，截至8月16日，莺落峡断面实测来水量14.83亿立方米，较多年均值偏多33.4%，较调度以来均值偏多25.5%；正义峡断面下泄9.60亿立方米，较多年均值偏多33.9%，较调度以来均值偏多42.6%；哨马营断面、狼心山断面过水量分别为7.24亿立方米和6.36亿立方米，正义峡下泄水量和哨马营、狼

心山断面过水量均是自统一调度以来同期最多的一年；进入额济纳绿洲（狼心山断面）水量达到6.42亿立方米，额济纳绿洲林草地灌溉面积达55.8万亩，为黑河下游绿洲生长提供了宝贵的水源，保障了植被生长关键期所需水量。

8月的东居延海

目前，黑河上游退牧育草，增强水源涵养能力；中游协力推进节水型社会建设，不断提高水资源利用效率；下游积极实施东居延海周边生态保护措施，生物多样性和植被覆盖度明显增加，呈现良性演替的趋势。黑河流域各方的努力与实践，使黑河水更充分发挥其生态价值，为流域社会经济发展提供了基础保障。

下游河道过水

有水的滋养才有生机。黑河流域各方着眼于流域发展实际，在磨合中逐渐适应，在发展中日益和谐。经过十多年的努力，黑河水量统一调度成效逐步显现，东居延海连续13年不干涸，既是黑河调水工作创造出的新纪录，更是流域各方继续协力前行的里程碑。

今日黑河水，长润大西北！

（本文原载于《黄河报》，2017年8月22日，本文图片由黑河流域管理局、黄委水文局提供）

攻坚克难奏响绿色颂歌

——黑河水量统一调度纪事

董 瑞

　　"居延城外猎天骄，白草连天野火烧。暮云空碛时驱马，秋日平原好射雕。"唐代诗人王维对黑河下游景物的描写，曾引起多少人对居延绿洲"岌岌芦草入望迷，红柳胡杨阔无边"的追忆与向往。

黑河中游湿地　红柳　　　　　　　（脱兴福　摄）

现实回到17年前，驻足额济纳旗居延海边，"湖滨密生芦苇，入秋芦花飞舞"的美丽被肆虐的黄沙替代，"鹅翔天际，鸭浮绿波"的祥和也被干涸的大地所吞没。相距80千里外的胡杨林，有个特殊的名字——怪树林，树林之"怪"在于成片的胡杨枯死，满地的树木遗骸一段段、一节节地倒在沙地里，任凭岁月与风沙无尽地摧残，那虬枝就像血流战场的勇士。

怪树林 　　　　　　　　　　　　（高学军 摄）

这一切都是因为缺水，缺水导致黑河断流、生灵涂炭。

然而，在黑河沿途，有这样一群人，他们临危受命、勇往直前，他们跋山涉水、顶风冒雪，17年栉风沐雨、砥砺前行，奏响一曲绿色颂歌。他们个人是渺小的，但团结的力量是巨大的，他们有一个共同的名字——黑河人；他们有着同样的使命——确保完成国务院分水指标，确保调水入东居延海。

临危受命　分秒必争开展前期工作

2000年，黄委黑河流域管理局（简称黑河局）在兰州正式挂牌，开始履行黑河干流水量统一调度的职能。对于刚成立的黑河局来讲，时间实在是太珍贵了。

当年6月17日，黑河局一行17人在兰州集中。

6月19日清晨，大家驱车500多千米一路向西，于当日19时抵达水量调度一线——张掖市。

6月20日，黑河局第一次全体会议在张掖市驻地召开，会上明确了"开门三件事"。

一是开会。对黑河局职工约法三章：工作中摆正位置、不卑不亢；艰苦朴素、敬业爱岗；严肃纪律，积极与地方政府协调，但不扰地方政府。

二是培训。从"黑河在哪里？"讲起。黑河局成立之初的17人中，有15人是第一次来黑河流域，初来乍到，一切都是陌生的。为尽快进入工作状态，开始工作的第一天下午，就组织开展首期业务培训讲座。

三是勘察。培训结束后，大家驱车前往祁连山下，勘察黑河莺落峡。莺落峡是黑河干流出祁连山口的控制峡口，也是黑河进入中游的第一个峡口。"当时没有导航，我们就按地图上标识的位置寻找，一路上不断停车打问。"一位老同志介绍道，"莺落峡水文站设立于1943年，是国家重要水文站，在国际水文网上赫赫有名。"之后的4天时间里，黑河人接连实地查勘了高崖水文站、正义峡水文站、草滩庄水利枢纽、正义峡坝址，以及张掖、高台、临泽大桥等处的引水口工程，连夜对收集的水文、工程和用水资料进行整理，为科学编制1999～2000年度黑河水量调度方案做充分准备。

黑河源区湿地

齐心协力　完成首次跨地区、跨省调水

　　进驻现场之初，每一位黑河人接连遇到新问题，而最首要的任务就是排除万难，尽快制订出2000年7月调度方案，召开第一次黑河水量实时调度工作会议，发布7月调度计划。根据工作分工，各小组的同志各司其职、各尽其责，全身心地投入到工作之中。

　　调度组的同志为了制订出切实可行、易于操作，又能够体现公平公正、各方都能接受的调度方案，每天加班加点，工作时间长达15小时以上，终于在第一次黑河水量实时调度工作会议召开之前拿出了调度方案。

　　工程组的同志为了搞清黑河中游13个灌区70余处引水口门、27座平原水库的工程布局及其运行情况，白天下灌区现场勘查、了解情况，晚上回来整理、分析资料，每天都是一身汗、一身土、一身泥。他们的足迹踏遍了中游地区，终于基本

摸清了中游的工程情况，为落实调度方案打下了坚实的基础。

从张掖到额济纳，几百千米的路途多是戈壁和沙漠，在调水初期，由于走的是乡村沙土路，加之情况不熟，大家往往在"搓板路"上颠簸几个小时才能找到下一个引水口。

在采访中，笔者听到这样一个故事：7月14日，工作人员前往黑水城考察。茫茫戈壁上没有道路，地表看似坚硬，下面多隐伏沙土，质地疏松，稍不留意就会陷入沙坑。尽管司机驾驶技术娴熟，一再谨慎小心，但还是难免车陷黄沙。没有别的办法，大家只有脚踩焦灼的黄沙，头顶烈日，拼命地将汽车推出险境，顾不上擦掉额头上的汗水，钻进车里继续前行。

车陷戈壁

2000年8月21日上午11时45分，张掖地区行署在黑河干流中游上段的草滩庄引水枢纽举行了一个简短而又隆重的"全线闭口、集中下泄"仪式。由于这是黑河流域历史上的第一次跨地区、跨省（区）调水，而且是在本地区遭遇旱情的情况下进行的，因此就更加重要。

当时，由于长时间无降雨过程，草滩庄以下灌区异常干旱，河床干涸已久，自7月以来正义峡断面断流天数已达20多天。高台黑河大桥下数百名农民自七坝渠引水口开始沿河修筑导流坝，向上游延伸500米之外，工程虽大，却只能引来不足斗量的潜流水。可见，在这种情况下，做出"全线闭口、集中下泄"的决定需要多大的勇气，需要承受多大的压力。

此次黑河中游地区"全线闭口、集中下泄"的同时，甘肃省水利厅也协调酒泉地区金塔县鼎新各灌区限制引水。以省际调水为目的安排轮灌，在黑河流域还是第一次，可谓首开历史先河，具有重要意义。

在国务院、水利部的亲切关怀下，在国家防办和黄委的直接领导下，经过黑河局、流域内各级人民政府和广大干部群众的共同努力，2002年7月17日17时，黑河水终于到达河流的尾端——内蒙古自治区额济纳旗东居延海，唱响了一曲绿色颂歌。

7月28日17时30分，东居延海水面面积达到18.5平方千米，入湖流量约4立方米每秒。

随着东居延海水面面积的不断增大，引来几十只海鸥和野鸭子在水面嬉戏欢叫，似在欢呼黑河水的到来。成群结队的骆驼也到湖边喝水，加之蓝天白云映衬，构成一幅幅绝妙的美景。

创新向前　努力提升调水成效

在水量统一调度与管理中，流域各方逐渐形成生态文明建设"一盘棋"的思想，特别是党的十八大以来，流域生态保护意识不断提高。中游地区通过深化统一调度、实施水价改革，

引水秩序明显改善，用水效率显著提升；下游地区围栏封育、退耕还草、退牧还草，加大生态保护力度，提高生态用水效率，也为流域生态文明建设奠定了坚实的基础。

不断提升生态水量调度成效是黑河局一项持之以恒的工作。每年立春以后，封冻的下游河道逐渐消融，河水带着生命的希望，奔向熬过漫长寒冬的额济纳绿洲。如何让有限的黑河水，特别是贵如油的春季融冰水发挥最大的生态效益？这是黑河人长期思考的问题。

为进一步优化配置黑河下游额济纳绿洲水量，有效补充沿河地下水，满足下游绿洲核心区、尾闾地区和多年未灌区域的植被生长关键期用水，今年黑河局充分调研冰情、水情和额济纳绿洲春季需水特点，科学编制春季融冰水水量调度方案，实时加强与水文、气象部门沟通，滚动分析水情，并预判开河时间和开河流量过程，利用全面开河时形成的大流量和水头，向绿洲边缘区和生态脆弱区补水。

2017年2月28日16时，狼心山断面流量达到71立方米每秒。此时，黑河春季融冰水水量调度到了机不可失之际，16时30分，黑河局召开春季融冰水水量调度专题会议，确定3月1日起实施融冰水水量调度。

3月14～16日，黑河局组织专人赴下游地区，实地查勘东河、西河及东干渠水资源配置情况，强调要充分利用下游河道湿润有水的有利过流条件，优先向绿洲脆弱区和边缘区配水，尽可能扩大林草地灌溉面积，充分发挥有限水资源的生态效益。

今年是黑河春季融冰水水量调度的第二年，黑河局总结往年经验、深入调研，又一次顺利完成融冰期调度，为黑河下游绿洲生长提供了宝贵的水源。此次调水下游河道过水时间提前、过水长度增加，绿洲灌溉面积增大，特别是多年未灌溉区、生态脆弱区和尾闾地区得到了有效补水。

东居延海湿地

在每一位黑河人的坚守下，现在的下游居延海三角洲生机勃勃，曾经"碧水青天，马嘶雁鸣，芦草风声"的迷人景色重新走到我们身边，就连额济纳北部戈壁50千米处以"黑沙尘"闻名的"黑风口"，也变得愈加"温柔"了。

（本文原载于《黄河报·生态周刊》，2017年9月23日）

流域声音

建设中的黄藏寺水利枢纽工程

杨希刚

黑河是我国西北河西走廊地区极为重要的一条内陆河，发源于祁连山中段，流经青海、甘肃、内蒙古三省区，最终注入内蒙古额济纳旗的居延海。黑河流域降雨稀少、生态脆弱、水资源紧缺且供需矛盾突出，历史上水事纠纷突出，为妥善解决黑河水资源问题和生态环境问题，2000年开始实施黑河水资源统一管理和调度。十多年的黑河水资源调度管理实践和规划研究表明，尽快建设黑河黄藏寺水利枢纽是更好地调度与管理黑河水资源的有效工程措施。

一、工程概况和作用

黑河黄藏寺水利枢纽是国务院批复的《黑河流域近期治理规划》明确的黑河干流骨干调蓄工程，是黑河流域重要的水资源配置工程、生态保护工程和扶贫开发工程，是国务院确定的172项节水供水重大水利工程之一。

黄藏寺水利枢纽坝址位于上游峡谷河段，左岸为甘肃省肃南县，右岸为青海省祁连县，上距青海省祁连县城约19千米，控制黑河干流莺落峡以上来水的80%，是黑河的龙头生态工程。最大坝高123米，水库总库容4.03亿立方米。水库控制灌溉面积183万亩，电站装机容量为49兆瓦，多年平均发电量2.03亿千瓦时。工程筹建期2年，工程施工总工期为58个月，工程概算总投资为28.52亿元。工程淹没影响土地总面积1.8万亩，淹没影响947人。

黄藏寺水利枢纽工程效果图

黑河黄藏寺水利枢纽工程主要任务为合理调配黑河中下游生态和经济社会用水，提高黑河水资源综合管理能力，兼顾发

电等综合利用。工程建成后，可配合黑河中游引水口门改造工程，有计划地向中下游合理配水，提高中游灌区保证率，并替代中游部分平原水库；可改善正义峡断面来水过程和下游生态供水过程，缩短中游闭口时间，缓解中游灌溉用水和下游生态调水之间的矛盾；同时也可为实现黑河水资源的科学调度、合理配置和高效利用及提高黑河水资源综合管理能力创造条件，具有较好的环境效益和社会效益。

二、前期工作及工程建设筹备

2001年8月，《黑河流域近期治理规划》（国函〔2001〕86号）通过国务院批复，规划提出：争取在2010年前后开工建设上游黄藏寺水利枢纽工程。黄委对做好黄藏寺水利枢纽的前期工作高度重视，从2003年开始，先后开展了黑河干流骨干工程布局规划、黑河水资源利用与保护规划，对黄藏寺水利枢纽的工程规模和开发任务进行了深入论证分析，并开展黄藏寺水利枢纽的项目建议书编制工作，经过十年多的不断努力，2013年10月，国家发展改革委批复了黄藏寺水利枢纽工程项目建议书（发改农经〔2013〕2142号），之后迅速开展工程的可行性研究报告编制工作。

随着黄藏寺水利枢纽工程的可行性研究报告工作的不断深入，为配合做好相关前置条件的审批办理工作并为工程建设做好准备，2014年8月黄委会同黑河流域相关各方成立了黑河黄藏寺水利枢纽工程建设领导小组，并从黄委有关单位抽调技术与管理骨干组建工程建设筹备组。通过一年多的艰苦努力，相继完成了黑河流域规划环评、黄藏寺水利枢纽工程的项目环评、水土保持方案、建设用地预审、水资源论证与取水许可、水规划同意书、城乡规划选址、移民安置规划大纲、移民安置规划、社会稳定风险性评估等相关许可文件的审批，2015年10月，国家发展改革委批复了黄藏寺水利枢纽工程可行性研究报告（发改农经〔2015〕2357号）。

在黄藏寺水利枢纽工程可行性研究报告即将批复之际，经黄委党组研究正式成立黑河黄藏寺水利枢纽工程建设管理中心（局）（以下简称建管中心），筹备工程开工准备。到2015年底，建管中心基本具备运行条件。建管中心从制度建设、行政许可办理、工程招标投标、开工准备入手，全面开展工作，先后完成了青海省祁连山省级自然保护区许可，青海与甘肃两省的征占用草地许可、施工许可，国土资源部青海省先行用地审批等。同时分别完成了工程监理、设计采购施工总承包、环保监理检测、水土保持监测等招标工作，到2016年3月底青海境

黄藏寺水利枢纽工程建设动员大会

内部分具备开工条件。

2016年3月29日由水利部组织在黄藏寺水利枢纽工程现场召开开工动员大会，2016年4月国家发展改革委核准了黄藏寺水利枢纽初步设计概算（发改投资〔2016〕785号），水利部批复了黄藏寺水利枢纽初步设计报告（水规计〔2016〕154号），青海省境内工程开工。2016年5月分别与青海省祁连县、甘肃省农垦集团签订工程建设征地移民安置协议，2016年12月在取得国家林业局青海甘肃两省征占用林地许可和甘肃祁连山国家级自然保护区许可后，甘肃境内工程开工，标志黄藏寺水利枢纽工程建设全面进入施工阶段。

三、工程建设进展

为保证工程建设顺利进行，建管中心自成立之初就先后制定了招标管理办法、合同管理办法、财务管理办法、安全生产办法、质量管理办法、验收管理办法等各类制度办法二十余项，为规范工程建设管理奠定了基础。

（一）项目招标投标

严格执行招标相关制度，进入地方交易市场，积极开展各类招投标管理工作。分别与黄河勘测规划设计有限公司、河南明珠工程管理有限公司、黄河水利委员会基本建设工程质量检测中心、黄河流域水资源保护局黄藏寺工程环境保护联合体、中国水利水电建设工程咨询西北有限公司等单位签订了工程设计采购施工（EPC）总承包合同、工程监理合同、环保监理及环境监测合同、工程质量检测合同、建设征地移民安置监督评估合同、移民安置合同等。与此同时，黄河设计公司也通过招标选定了水电十一局、水电三局等十余家施工队伍。

（二）工程建设进度

从2016年工程开工到2017年底，中央共安排建设资金10亿元。通过参建各方的积极努力，截至目前工程建设进展情况如下：

大坝土石方累计开挖完成55.35万立方米；持续开展坝址区河道清淤疏浚及H8堆积体滑坡处理工作，基本解除了H8堆积体对河道行洪的影响。

导流洞开挖已经全断面贯通，目前正在进行洞内衬砌施工。对外道路1号及2号隧道、明挖土石方工程已经全面完工，桥梁工程正在施工。累计完成形象进度约77%。

砂石料与混凝土拌和系统已经完成形象进度93%，基本具备生产条件。35千伏施工用电工程已经完成并开始运行；现场

导流洞开挖全断面贯通 （资料图）

黄藏寺 2号隧道拱墙浇筑 　　　　　　　（资料图）

运行管理营地主体框架工程基本完工。

（三）征地移民

按照"政府领导、分级负责、县为基础、项目法人参与"的征地补偿工作机制，2016年5月在青海、甘肃两省移民局的监督见证下，分别与青海省祁连县政府、甘肃省农垦集团签订了建设征地移民安置协议。经过建管中心和当地政府的积极努力下，截至目前，青海省草地2371.19亩、林地2437.51亩已经全部征收，占批复的100%；青海省完成耕地征收2394.3亩，占青海省总征地的55.5%；甘肃省620亩林地全部完成征收，同时完成了1280亩草地征收；工程淹没涉及青海省祁连县两个村庄的搬迁补偿任务基本完成。总体上看，黄藏寺工程建设征地移民安置工作基本完成过半，满足了工程建设需要。

（四）积极做好环保、水保"三同时"工作

建管中心将环保、水保工作放在工程建设的突出位置进行监管，特别是中央督查祁连山自然保护区整改以来，进一步梳理落实环保、水保业务内容和工作要求，推进工作落实。

环保方面：严格管控污水处理，工程建设期间产生的生产废水、生活污水经处理后循环利用，没有出现外排现象；左右岸坝肩安装钢缆，架设喷水装置、喷雾装置，每天至少开展4轮洒水车洒水降尘作业；各标营地一体化污水处理设备、化粪池、垃圾池、环保厕所和垃圾箱已全部按设计要求建成并投入使用；根据环境监测结果表明，工程施工基本未对周边环境造成明显不利影响。

水土保持方面：完成表土集中堆放，对外道路沿线裸露边坡密目网覆盖等水保措施，1、2、4、5号渣场已投入使用。各级水保检查中发现的水土保持问题，已按照相关要求进行整改落实。

（五）安全生产与质量管理工作

按照"安全第一、质量至上"的原则，建立健全了质量管理体系，印发了年度质量和安全工作要点；组织开展项目法人抽检81组，完成823个单元工程质量评定；严格落实防汛主体责任制，签订了安全生产和安全度汛目标责任书，制定度汛方案，累计召开安全生产、防汛等会议14次，防汛联合应急演练1期；强化质量安全过程控制，相继组织开展了安全生产月、危险化学品安全综合治理、电气火灾综合治理、水利安全生产大检查和隐患排查治理等专项活动，累计完成各类检查64次；强化质量和安全宣传警示教育，累计组织培训17次，显著提高了施工人员质量安全意识；战胜了2017年7月23日至24日、8月

22日至23日黑河上游两次洪水；积极开展安全生产标准化创建和安全生产元素化管理系统在黄藏寺水利枢纽的推广应用，有效促进工程建设安全生产管理规范化、信息化。目前质量总体可控，安全生产无事故。

祁连河谷 　　　　　　　　　　　　（资料图）

四、工程建设展望

黄藏寺水利枢纽工程建设使命光荣、任务艰巨，面对今后的工程建设，建管中心将以十九大精神为指导，继续深入贯彻落实黄委党组关于"规范管理，加快发展"新思路，以开展黑河管理局组织的"调转改"活动为契机，全面推进工程规范化管理，强化质量安全监督管理，树立环保水保红线意识，突出进度目标节点控制，全力推进黄藏寺水利枢纽工程建设，为工程早日发挥效益砥砺前行。

（本文作者为黑河流域管理局党组成员、副局长，兼黄藏寺建管局局长）

黑河统一管理调度
流域机构不辱使命

楚永伟

20世纪后半叶，沙起额济纳，"大漠双璧"东、西居延海相继干涸陨落。额济纳生态系统严重失衡，维系居延海命脉的黑河水资源问题引起党和国家高度重视，于1999年批复成立水利部黄河水利委员会黑河流域管理局，代表国家行使黑河流域管理和水量统一调度职责。从此，黑河成为我国第一条实施水量统一调度的内陆河。

世纪之交，黑河流域管理局承载着国家的重托、人民的期盼，开始实施黑河水量统一调度。17年来，黑河流域管理局走过了不平凡的历程，在艰难中不断前行，在创新中不断寻求突破，在超越中实现不断发展，唱响了一曲曲绿色的颂歌，生态水量调度取得显著成效。这一切体现了党和国家实施黑河流域统一管理的正确决策，体现了流域机构的责任担当。

实施黑河水资源统一管理调度，是历史的使命。黑河流域战略地位和生态地位极其重要。上游有祁连山国家级自然保

浸润林草

护区，是国家重点水源涵养林区，被列为全国重要生态服务功能区；中游的张掖市地处古丝绸之路、今欧亚大陆桥之要地，是沟通国内东西交通的咽喉要道，已成为我国西北地区自然保护区和丝路经济带的重要节点；下游的额济纳旗边境线长507千米，居延三角洲地带的额济纳绿洲，是西北地区最重要的生态防线，既是阻挡风沙侵袭、保护生态的天然屏障，也是当地人民繁衍生息、国防和边防建设的重要依托。加强黑河流域生态建设与环境保护，关系着流域经济社会发展、居民生存环境乃至整个西北、华北地区生态系统的保护和改善，事关国防巩固、民族团结、社会安定的大局。

实施黑河水资源统一管理调度，是现实的抉择。黑河流域是典型的资源型缺水区域，加上历来缺乏水资源统一管理，导致开发失度、用水失序、生态失衡，水资源供需矛盾十分突出。在20世纪60年代至90年代期间，随着流域经济的发展，用水量迅速增加，导致进入下游的水量逐渐减少，由50年代初的11.6亿立方米减少到90年代后期的7.3亿立方米，加之下游上段用水户的拦截利用，实际进入额济纳绿洲的水量仅有3亿立方米。造成河道断流加剧、湖泊干涸、地下水位下降、天然林草覆盖率大幅度降低，土地荒漠化和沙漠化迅速蔓延，生态环境日益恶化，致使这个地区成为我国沙尘暴的重要策源地之一，对实施西部大开发战略、加强国防和稳固边疆带来严重负面影响，迫切需要加强流域水资源统一配置，遏制生态恶化趋势。

实施黑河水资源统一管理调度，是时代的呼唤。黑河流域水事纠纷由来已久，由于水土资源不协调，黑河干流省际、省内水事纠纷日益突出，已成为影响区域社会稳定的潜在因素。从20世纪50年代起，内蒙古自治区与甘肃省开始就黑河水利问题进行磋商。80年代，内蒙古自治区人民政府多次向国务院报告黑河下游缺水情况，提出黑河分水问题。1992年12月，国家计委批准了多年平均情况下的黑河干流水量分配方案，但由于缺乏水资源统一管理，水事纠纷仍未得到有效缓解，仅1993～1995年间，甘肃省张掖市的甘州、临泽、高台三县(区)共发生水事纠纷67起，发生各类水事案件55起。1995年，国务院召开两次会议研究黑河流域生态环境治理问题，指出黑河分水方案的落实是关键，要求尽快落实分水方案。至此，组建流域统一管理机构提上重要议事日程，并拉开了流域水资源统一管理与调度的序幕。

在缺乏控制性调蓄工程、调度手段单一的情况下，经过艰

辛探索和实践，初步建立了涵盖方案编制、协调沟通、调度监督检查和责任落实等各个环节的工作机制，明确了职责定位，顺畅了各方关系，营造了团结治水、共谋发展的和谐局面。通过精心组织、科学调度，进入下游的水量显著增加，有效缓解了流域用水矛盾，遏制了生态环境恶化的趋势，局部地区生态环境得到改善，全流域生活、生产和生态用水得到了合理配置，促进了节水型社会的建设，产生了显著的经济、社会和生态效益。

实施黑河水资源统一管理调度，是管理的创新。统一调度17年来，进入额济纳绿洲的水量较20世纪90年代年均增加了2.27亿立方米；下游河道断流天数逐年减少，近5年平均断流天数为99天，较90年代减少150多天，2016年断流天数仅为76天，2007年断流天数只有13天；以草地、胡杨林和灌木林为主的绿洲面积增加了100平方千米，野生动植物种类和数量增加，东居延海已实现连续13年不干涸。

站在新的起点，黑河流域管理局将认真贯彻习近平总书记生态文明建设重要战略思想，落实水利部和黄委党组的工作部署，以生态系统的建设与保护为根本，以水资源的科学管理、合理配置、高效利用和有效保护为核心，全面构筑黑河水资源管理与调度综合保障体系和长效机制，以水资源的可持续利用支撑流域经济社会的可持续发展，实现经济社会和生态保护的双赢。

（本文作者为黑河流域管理局党组成员、副局长、总工，原载于《黄河报·生态周刊》，2017年9月23日）

确立生态优先发展总基调
构筑和谐共生建设新格局

孟　和

　　黑河是额济纳的母亲河，"额济纳"一词本身就来自西夏党项语"亦集乃"的音转，意为黑水或黑河。黑河由南至北纵贯额济纳全境，蜿蜒流长三百余公里，哺育出了三千平方公里的现代居延绿洲，全旗3.2万各族群众赖之生存。黑河水的断续，与额济纳的兴衰息息相关，甚至影响着整个西北、华北地区的生态安全。

　　历史上黑河额济纳段水资源非常丰富，森林茂密，水草丰美。建国初期，基本是常年流水，年入旗水量在10亿立方米左右，额济纳河下游东、西居延海这对姊妹湖堪称"大漠双璧"，1961年西居延海干涸，其后东居延海也于1992年干涸。居延海的干涸，是额济纳绿洲加速向荒漠化方向逆转的一个起点，是黑河下游生态系统整体恶化的一个标志，它所带来的，是沉重的生态灾难。据卫星影像资料判断，20世纪80年代以来，植被覆盖度大于70%的林灌草甸草地减少约78%，草本植

物从200多种减少到80余种，原有的26种国家保护动物，9种消失，10余种迁移他乡，每年春季沙尘肆虐遮天蔽日，草不发、树不绿，一片萧条景象。更可怕的是，黑河断流带来的生态恶果并不局限于额济纳绿洲。2000年初，我国北方地区连续8次遭受大规模沙尘暴袭击，影响涉及国土面积200万平方公里。当年5月，中央电视台《新闻调查》栏目播出专题片《沙起额济纳》，引发各界强烈反响，额济纳成为我国生态恶化的典型。

　　小小居延海，连着中南海。额济纳地区急剧恶化的生态，引起了党中央、国务院的高度重视，在时任总理朱镕基同志的关切和直接领导下，国务院多次召开会议，研究黑河流域生态建设。2000年6月19日，水利部黄河水利委员会黑河流域管理局正式启动黑河干流水量调度、全流域水资源统一管理。2001

额济纳分水纪念碑　　　　　（额济纳旗政府供图）

204

年2月，国务院第94次总理办公会议决定，加快黑河流域生态建设步伐，遏止生态恶化趋势，同年8月，国务院批复《黑河流域近期治理规划》。2002年7月黑河水流入干涸十年之久的东居延海；2003年实现国务院确定的三年分水目标；2004年黑河水量调度由应急转为常规、由半年转为全年；2008年由常规调度转向生态水量调度并延续至今。

额济纳一道桥夜景 （高学军 摄）

自黑河实施统一调水17年来，调入我旗境内水量共计105亿立方米，累计灌溉草牧场1020.14万亩；东居延海累计调入水量9亿立方米，连续13年不干涸，水域面积常年保持在35平方公里以上；全旗森林覆盖率由2001年的2.89%提高至4.3%，植被覆盖度由2000年的7%提高至10%，沿河两岸近300万亩濒临枯死的柽柳得到了抢救性保护，胡杨林面积由39万亩增加到了44.41万亩；草场植被盖度较分水前提高了18.3%，植株高度

平均增长了4.63厘米，林下伴生物种由原先的苦豆子、芦苇、碱草、骆驼刺、盐爪爪等逐渐演替为甘草、芨芨草、沙拐枣等适口性优良的牧草；居延海湿地鸟类达73种，栖息候鸟数量达3万多只，最大种群雁类已达3000多只，绝迹近10年的候鸟特别是白天鹅故地重游，湖边灰雁、黄鸭等已经形成一定种群规模，有数万只各种鸟类在居延海湿地集群待迁；西居延海先后8次进水，西河下游的地下水位回升，2017年向巴格淖尔补水2150万立方米，形成面积约9平方公里的水域，润泽周边，沙尘次数明显减少。据中科院地理科学与资源研究所《额济纳旗地下水位埋深观测及动态分析》显示：黑河下游水位整体呈缓慢抬升趋势，额济纳绿洲生态环境持续恶化的趋势得到遏止，局部地区生态环境开始好转，额济纳绿洲林草地面积较统一调度前增加了100余平方公里。可以说，凝聚着党中央、国务院以及朱总理关怀的黑河工程挽救了额济纳的生命，额济纳人对此将永远铭记。

党的十八大以来，以习近平同志为核心的党中央将生态文明建设提升到中国特色社会主义事业"五位一体"总体布局予以高度重视。在考察内蒙古时，习总书记要求努力把内蒙古建设成为我国北方重要生态安全屏障。党的十九大报告中，又专门开辟一个章节"加快生态文明体制改革，建设美丽中国"，部署生态文明建设工作。额济纳人欢欣鼓舞，将牢固树立绿色发展理念，坚持生态优先战略，坚定不移贯彻落实。因为沉重的生态教训让额济纳人有切肤之痛，历届旗委、政府深知，保护生态环境就是保护赖以生存的家园，是一切发展的前提。近年来，为了进一步加强对绿洲生态环境的保护与建设，额济纳旗委、政府坚决贯彻落实绿色发展理念，确立"生态立旗"

发展战略，先后实施了退牧还草、"三北防护林"建设、沙化土地封禁保护区建设等一批重大生态修复工程。同时深入推进供给侧结构性改革，按照"农业收缩发展、牧业适度发展、沙产业规模发展"战略设计，大力推进产业结构调整，破除传统发展路径依赖，积极发展"有机农业、高端畜牧业、特色沙产业、精品林果业、休闲农牧业"五大优势特色产业，在坚守"国家重要的生态功能区"发展定位的基础上，坚持向"青山绿水"要"金山银山"，为农牧区经济结构调整和农牧民增收推波助力。

经过多年的艰苦努力，额济纳旗累计从生态脆弱地区转移搬迁农牧民1534户4577人，占全旗农牧业人口的75%；实施

额济纳旗滨河西路　　　　（额济纳旗政府供图）

农业收缩战略，胡杨林自然保护区核心区退出耕地4457亩，大力发展休闲农牧业，鼓励支持转移转产农牧民围绕旅游业大发展投身第三产业，全旗创建旅游专业村2个，打造胡杨人家713户，参与旅游相关行业的农牧民占全旗农牧民总人口的72%，

额济纳旗牧民安居小区　　　　　（额济纳旗政府供图）

年均增收超过一万元。畜牧业适度发展，以草定畜，全旗牲畜总头数预计稳定在10万头（只）左右，其中舍饲、半舍饲和农区畜牧业养殖规模占75%，良种畜比重达到95％以上。同时，规模发展沙产业，全旗梭梭林面积366万余亩，其中人工种植梭梭林面积达到80余万亩，并在天然和人工种植的梭梭林中实施肉苁蓉嫁接10万亩，年产肉苁蓉80余吨。着力打造精品林果业，投资8500万元，建设完成骏枣、灰枣、樱桃李等精品林果种植示范基地5500亩。黑河调水连续17年成功，不仅从根本上扭转了额济纳滑向"生态不可恢复地区"的恶劣趋势，极大

改善了额济纳地区生产生活条件，而且为地方繁荣发展奠定了坚实基础。额济纳一年比一年红火的旅游经济和边贸经济，就是习总书记"绿水青山就是金山银山"重要论断的有力证明。截至2017年11月3日，中国额济纳国际金秋胡杨生态旅游节期间，全旗接待游客突破500万人次，达到501.32万人次，实现旅游综合收入51.03亿元，创造历史性成就。额济纳旗策克口岸同创历史佳绩，截至2017年10月实现进出口货物1069.04万吨，同比增长10.8%；进出口贸易额28.85亿元，同比增长89.8%。

回望历史，从生态环境良好到破坏再到分水修复治理三个历史阶段，发生在额济纳大地上的变化是极其深刻的，其中关于人与自然相处之道的曲折探索、共产党人的智慧和担当，以及人民群众的高尚勤劳勇毅，犹如史诗，令人心潮澎湃之余，更让人敬畏、警醒和反思。展望未来，额济纳旗委、政府将不忘初心、牢记使命，坚定不移贯彻落实党的十九大精神，牢固树立社会主义生态文明观，把生态文明建设贯穿融入未来经济社会发展的全方位全过程，不断推进绿色发展，进一步加大生态系统保护力度，全力推动形成人与自然和谐发展现代化额济纳建设新格局，为构筑祖国北方重要生态安全屏障继续贡献力量。

（本文作者为中共额济纳旗委书记）

上善"弱水"

——十七年调水谱写额济纳绿洲生命赞歌

李发全

黑河，古称弱水，是我国第二大内陆河。发源于青海省祁连山中段，流域东起山丹县境内的大黄山，与石羊河流域接壤，西以嘉峪关境内的黑山为界，与疏勒河流域毗邻，北至中蒙边界南侧的东西居延海。黑河流域涉及青海、甘肃、内蒙古三省（自治区）共14个县（市、区、旗），以及我国重要的国防科研基地。流域国土总面积为14.3万平方公里。

从弱水三千　到东西居延海消亡

额济纳旗地处黑河下游，历史上水资源非常丰富，森林茂密，水草丰美。进入20世纪60年代以来，随着黑河流域社会经济迅速发展，黑河中上游工农业生产用水猛增和气候的变化、致使额济纳旗境内黑河多次断流，下游绿洲面积萎缩，地下水位大幅下降，地表水域大面积消失，林木死亡、草场退化，土地荒漠化和沙漠化日趋严重。据统计，自60年代起，有近536

万亩的水域、湿地和林草地先后成为盐碱沙滩，额济纳西居延海于1961年、东居延海于1992年相继干涸，并迅速使这里成为我国西北、华北、东北乃至华东等地沙尘策源地。风起西伯利亚，沙起额济纳。1993年5月5日，我国西北地区发生特大沙尘暴，受其严重影响，新疆东部、甘肃河西走廊、宁夏大部、内蒙古西部地区，经济损失达5.5亿元。

2000年，北京等华北地区连续遭受8次特大沙尘暴袭击，额济纳旗这个名字一度竟成了沙尘暴的代名词。生态的恶化，沙尘暴的肆虐，致使额济纳绿洲退化，迫使当地牧户举家南迁，严重威胁着与蒙古国接壤的边境线长507公里的国土安全，威胁着酒泉卫星发射中心的安全。

大漠流泽　居延复苏

额济纳生态的急剧恶化,受到了党中央、国务院及社会各界的高度关注。

2000年春天，国务院作出黑河跨省际分水，拯救居延海、保护额济纳绿洲的决策。水利部颁布实施了《黑河干流水量调度管理暂行办法》。黄河水利委员会颁布了《黑河干流省际用水水事协调规约》，2000年7月，根据国务院的指示，在水利部、黄河水利委员会部署下，黑河流域管理局启动了黑河水量统一调度工作，历史上首次成功实现全流域跨省区分水。

"大漠无垠，绿进沙退。"2002年7月关闭黑河沿线60多个引水口，向东居延海调水，使东居延海迎来了滚滚黑河水，使这一干涸10年的"死海"逐渐获得新生，再现碧波荡漾的壮观景象。2003年实现国务院三年分水目标；2004年黑河的水量调度由应急转为常规、由半年转为全年；2008年以来，由常规

水量调度转向生态水量调度。

自黑河实施水量统一调度十七年来，累计向额济纳绿洲调度生态水量109亿立方米，年均向黑河下游额济纳绿洲分水6.07亿立方米，灌溉草牧场累计971.04万亩，年均灌溉57.12万亩，调入东居延海水量8.87亿立方米，年平均5910万立方米，使其水域面积常年保持在36平方公里以上。2017年狼心山断面集中下泄生态水量10.706亿立方米，为历年来下泄水量最大的一年。

十七年来，额济纳绿洲生态保护与建设取得显著成效。绿洲区地下水位回升了40厘米，生态灌溉面积由29.47万亩增长到2017年的116.5万亩，东西河沿河两岸约300万亩濒临枯死

胡杨林秋色　　　　　　　　　（段景坤　摄）

的胡杨、柽柳得到抢救性保护，胡杨林面积由39万亩增加到45万亩，草地、胡杨林和灌木林增加面积超过15万亩，居延海湿地野生鸟种类由10余种增加到73种，栖息繁殖的鸟类达3万多只，一度消失的黑河尾闾特有的大头鱼重新出现，额济纳绿洲大风天数由20天左右减少到10天以下，沙尘暴天数由6天左右减少到2天左右，年均降雨量由28.5毫米增加到41.3毫米。

戮力同心　上中下游共谱绿色颂歌

黑河流域属典型资源性缺水地区，水资源时空分布不均，缺乏控制性调蓄工程，供需矛盾尤其突出。十七年来，黑河流域管理局在没有任何先例可循的情况下，克服重重困难，经过调查分析和充分论证，确定了调度工作目标，逐渐摸索，不断优化调度方案，强化调度措施，加大调度宣传，多措并举，携手有关各方团结努力，刻苦攻关，坚定地护卫着这弥足珍贵的水资源畅流勇进，使有限的黑河水资源发挥生态效益的最大化，促进了额济纳的生态恢复和改善。

自治区水利厅、阿拉善盟行政公署、额济纳旗政府高度重视黑河水量调度工作，有关领导每年都积极参加年度水量调度工作会议，认真总结上一年度水量调度工作，商讨下一年度水量调度方案，为推行黑河流域水资源合理配置、遏制黑河下游生态恶化趋势，促进流域经济社会与生态环境保护的协调发展做出了巨大努力。

自治区水利厅全程参与年度水量调度工作，深入调度现场协调督查，维护调度秩序；阿盟水务局将黑河调水列为每年的重点工作，从水量调度、水资源配置及河道治理等方面给予积极支持，并抽调水行政执法人员和车辆，积极配合流域管理机

构和自治区水利厅，对黑河中游河道、张掖和鼎新灌区在集中调水期间开展水行政监督执法，维护了河道水量统一调度的正常秩序，为完成黑河干流全年生态调水任务提供了坚强有力的保障。

居延海　　　　　　　　　　　（张爱民　摄）

额济纳黑河流域管理局按照配水计划和调度指令，认真组织、严格控制和精心安排各河、渠的引水总量，并深入各苏木镇一线协调指导生态灌溉水量调度，确保了流域管理机构水量调度指令的执行和统一调度的权威性，为确保完成年度调水任务付出了辛勤的劳动。

在多年的生态调水实践中，额济纳旗采取"集中调水、分区轮灌"等切实有效的办法，将草场划分为核心区、脆弱区和边缘区，在春季植被返青生长需水期，利用融冰河道冬季蓄积水量和一般调度期上游河道集中闭口下泄水量，集中调水灌溉绿洲核心区林地草场，向东居延海输水，确保东西两河沿河两岸核心区植被得到有效灌溉，东居延海水域面积增加至36平方公里以上；在夏秋季，利用汛期洪水、关键调度期集中调水和秋季三个月连调期下泄生态水量较多的有利时机，向生态脆弱区和几十年未得到有效灌溉的绿洲边缘区集中调水，努力扩大草场灌溉面积、延长河道浸润时间、范围，有效补充沿河区域地下水位，尽力巩固和恢复脆弱区和绿洲边缘区生态植被，东居延海及周边生态功能的逐渐恢复，实现了国务院提出的让"居延海波浪滚滚"的初期治理目标。

黑河是一条多民族融合的河流，流淌过的每一个地方，都是各民族赖以生存的主要水源。为了黑河流域生态建设与环境保护，中游各地人民深明大义、顾全大局，量水而行、以水定发展，倒逼结构调整，掀起一场农业节水"自我革命"。通过调整种植结构、推广农业节水技术、开展水权交易等一系列措施，为下游额济纳绿洲挤出生态水更是"救命水"。

党的十八大以来，以习近平同志为核心的党中央把生态文明建设纳入"五位一体"总体布局和"四个全面"战略布局，放在治国理政的重要战略地位，锐意深化生态文明体制改革，坚定贯彻绿色发展理念，生态环境保护面貌焕然一新。全盟水利人携手同心，脚踏实地，负重前行，用智慧和汗水，用责任和担当，在短短五年内就完成了《黑河流域近期治理规划》中提出的下游额济纳绿洲抢救工程，初步实现了河水的快速输送、分区轮灌、合理配置，使宝贵的水资源得到了充分的利用，生态红利实实在在，阿拉善人用实际行动诠释了"绿水青山就是金山银山"的理念。

一次次的生态调水，犹如一曲曲绿色颂歌。十七年来额济纳母亲河汹涌起伏的波涛犹如一面从远方飘来的吉祥哈达，翻

东居延海　　　　　　　　　　　　　（李常辉　摄）

卷滚动的浪花像一串串欢快喜悦的笑声，述说着一个美丽、和谐、绿色的居延绿洲正在重现往日容颜的故事。

如今的居延海芦苇丛生、碧波荡漾、鸥鸟、大雁、天鹅常年栖息；额济纳的胡杨林开始复壮更新，吸引着各地游客纷至沓来；广袤的额济纳绿洲生态环境明显得到改善，正在重现昔日美景。阿拉善盟生态环境恶化趋势减缓，重点治理区明显改善。而这一切改变并非大漠变绿洲的"童话"，而是上中下游各民族血脉相连、携手并进谱写出上善"弱水"的生命赞歌！

（本文作者为阿拉善盟水务局党组书记、局长）

坚持节水优先 强化系统治理
努力构建生态安全屏障

李　瑛

张掖地处西部内陆地区，中国第二大内陆河——黑河穿境而过，孕育了森林草原、戈壁绿洲、湿地沙漠等极端地貌交相辉映的独特景观。但由于深处西部内陆地区，年降水量仅100～250毫米，年蒸发量高达1400毫米以上。全市水资源总量26.5亿立方米，其中：地表水24.75亿立方米，地下水1.75亿立方米。人均水资源量1250立方米、亩均511立方米，分别为全国平均水平的57%和29%，属典型的资源型缺水地区。

近年来，张掖市坚定贯彻"五大发展理念"，积极践行"节水优先、空间均衡、系统治理、两手发力"的新时期治水新方针，以加快发展为第一要务，大力推进基础设施及民生水利建设步伐，以水生态文明理念持续深化节水型社会建设试点，立足"一山"（祁连山）"一水"（黑河）这一亘古不变的生态基底，尊重自然、顺应自然、保护自然，做"水文章"，以"水"为先的发展理念，使张掖走上了一条生态文明

黑河草滩庄枢纽　　　　　　　　（脱兴福　摄）

的转型发展之路。

　　——扛牢第一面试点旗帜，纵深推进节水型社会建设。在张掖甘州区新墩镇双塔村的日光温室里，一条条滴灌带将一滴滴水沁入农作物根部……"以前500多亩的耕地，光浇水一项就需要很多人工和时间，费工费水效益低，如今1000多亩的日光温室里铺设了滴灌带，浇水的事一个人就可以搞定，4个小时可以灌溉50亩地，膜下滴灌既能给农作物浇水，还能施肥，安装的灌溉设备还享受着政府补贴。"谈起水肥一体化、精准化灌溉带来的好处，种植大户刘生军如数家珍。

　　围绕做大做强"节水高效稳产"这篇大文章，大力发展现代高效节水农业，以实施高效节水灌溉工程、建设高效节水示范带为抓手，大力推广膜下滴灌、喷灌、高标准低压管灌等高新节水技术。2013年以来，全市发展高效节水面积136.6万亩，年节水量达到1.7亿立方米，有效提高了项目区灌溉水的利用率，改善了保灌面积，取得了显著的节水效益和经济效益。在生产企业、公共机构、生活小区、宾馆饭店等领域着力健全节水制度、加强计量管理、改造节水工艺、推广节水器具、提高循环利用、加大污水治理。选择91家单位开展节水创建活动，着力强化节水知识的宣传普及，公众节水意识明显增强。全市企业万元工业增加值取水量降低到59立方米，工业用水重复利用率提高到70%；全市节水器具普及率提高至64%以上。

——强化水资源刚性约束，落实最严格水资源管理制度。张掖是坐落在祁连山和黑河湿地两个国家级自然保护区之上的城市，"一山一水"，不仅是国家西部重要的生态安全屏障，更重要的是张掖绿洲经济社会长远和永续发展的基础。这里有珍贵的湿地和有限的水资源，祁连山冰雪融水和广袤的大漠戈壁造就了生态的多样性和脆弱性，年降水量不足蒸发量的十分之一，人均水资源占有量仅为全国平均水平的57%。在这片有水便是绿洲，无水就是荒漠的内陆干旱区，人们对水无比的渴求和珍爱。张掖市把实施最严格水资源管理制度作为经济发展方式转变和推进生态文明建设的战略举措，健全制度、落实责任、提高能力、强化监管，严格用水总量、用水效率、水功能区纳污控制"三条红线"管理。先后出台《张掖市地下水分区管理方案》《张掖市实行最严格水资源管理制度考核办法》《张掖市水权交易管理办法》等多项制度，严格用水总量控制，不断提高水资源利用效率，用水结构逐步优化，取水许可管理工作不断规范，水资源监控能力进一步提升。强化地下水资源管理，推进地下水计量设施建设，供水工程体系和计量设施日趋完善。通过准确计量和价格杠杆激励节水增效，全市用水总量控制在22.5亿立方米。全力维护黑河流域生态平衡，克服重重困难努力完成黑河水量统一调度任务，自2000年实施黑

张掖国家湿地公园秋景　　　　　　　　（脱兴福　摄）

河跨省际调水以来，累计向下游输水201.28亿立方米，占来水总量的60%。东居延海水域面积保持在40平方公里以上，沿河周边生态环境明显好转，林草植被绿意盎然，生物多样性逐步增加，唱响了一曲民族团结共同治水的绿色颂歌。

——明晰水权创新机制，全面深化水价综合改革。将可用水权总量层层分解配置到县区、灌区、乡镇、协会（村社）、农户，建立了分级负责的水权分配落实机制，进一步明晰各层级水权指标。实行"先确权、再计划，先申请、再配水，先充卡(买水票)、再供水"的基本程序。积极推行水权交易，将水权交易与奖补机制挂钩，规定购买水权者超定额累进加价，转让水权者享受奖补政策，在满足农作物需求的基础上，激励农户节约用水，使农业节水与农民增收相匹配，实现了由"要我节水"到"我要节水"的转变。大中型水利工程建设运行管理推行"建管合一"的模式，建立骨干水利工程和斗农渠及以下田间工程专业管理与群众管理相结合的管理运行机制，划分和界定了小型水利工程产权，落实了管护责任。大力推进农业水价改革，试行"骨干工程水价+末级渠系水价"的终端水价和超定额累进加价制度，探索建立精准补贴和节水奖补机制，价格杠杆作用得到充分发挥，实现节水与增效双赢目标。

黑河正义峡河段　　　　　　　　　（网络照片）

——践行绿色发展理念，全面推进河长制贯彻落实。全面实行河长制是落实绿色发展理念、推进生态文明建设的内在要求，是解决复杂水问题、维护河湖健康生命的有效举措，是完善水治理体系、保障水安全的制度创新。市委、市政府高度重视河长制工作，按照中央和甘肃省的部署安排，把河长制工作作

为全市重点工作，坚持早安排、早启动，市委常委会议、市政府常务会议多次研究部署河长制工作，印发了《张掖市全面推进河长制实施意见》《张掖市全面推行河长制工作方案》，将全市200多条(段)河流、湿地、山洪沟道纳入河长制范围，确定了总河长和黑河干流、山丹河、梨园河、洪水河、讨赖河、东大河、西大河、西营河、石油河9条河流的市级河长，建立市级河流部门对应机制，明确河流治理的目标要求、具体措施、管护责任单位和责任人，主动向社会公示，接受监督。57条（段）县级河流（段）按行政区域分级分段设立河长，明确了县、乡级河长，由同级负责同志担任。湖泊、洪水沟道、渠道按所属河流水系，相应层级的负责同志担任河长。同时，将干、支渠纳入河长制管理范围，参照河长制，在全市范围内探索建立"渠长制"，分片区设置渠长。针对河流在水资源、水生态、水污染、水环境、水源地保护、水域岸线划定、河道采砂、水行政执法、调水、水保等方面存在的问题，编制完成了重点河流"一河一策"实施方案。成立了河长制工作机构，出台了《张掖市全面推行河长制工作部门联席会议制度》《张掖市全面推行河长制工作督导检查制度》等一系列配套制度，积极构建党委政府主导、职责明确、部门联动的工作机制。强化宣传教育引导，广泛开展河长制工作"进小区、进学校"等形式多样、喜闻乐见的主题活动，引导群众、民间团体、志愿者踊跃参与河道治理，真正形成社会各界"治水、惜水、喜水、乐水"的浓厚氛围。

——夯实水利基础设施，提高水利保障能力。始终坚持发展这个"第一要务"，着力实施农田水利基础设施建设，强化水生态修复治理，为全市经济社会发展提供强有力的水利基础保障。2013年以来，全市水利建设项目完成投资超过50亿元。通过实施农村饮水安全、灌区节水改造、病险水库除险加固、水源工程等项目，建成集中连片农村饮水安全工程93项，解决了28.5万农村人口的饮水安全问题，全市自来水普及率达到100%；改建衬砌干支斗渠200多公里，新增高效节水面积136.6万亩，新建、加固中小型水库20多座，综合治理水土流失面积15.04平方公里，完成中小河流综合治理277公里，建成了覆盖全市山洪灾害易发区327个行政村的自动监测预警体系和群测群防体系，水利保障能力进一步提升。

张掖国家湿地公园

——构筑水生态文明五大体系，再现金张掖水韵底色。盛夏时节，走进张掖的甘州地界，空气中弥漫着绿洲特有的温润，一路行进，大片的湿地、芦苇和绿荫构筑起绵延的生态屏障，碧水环绕的城市和村落尽显"湿地之城""戈壁水乡"的风韵……

在全力推进水生态文明建设中，张掖市委、市政府立足市情水情，把发展生态经济作为转变经济发展方式的基本途

径，把建设生态经济功能区作为经济结构战略性调整的主攻方向，全力推进黑河流域综合治理，加大了沿河、沿湖水生态保护力度，着力构建防洪抗旱、水资源安全保障、城乡水生态保护与修复、水文化、最严格水资源管理"五大体系"。坚持治水、节水、活水并重，以黑河水系为脉络，实施水生态治理工程，形成系统完整、空间均衡的一轴（黑河干流）、多线（黑河支流及沿山支流）、四片（黑河中游灌区片、沿山灌区片、地下水井灌区片、牧区灌区片）、六区河湖库水系连通、河库互补、引排顺畅、利用高效的水生态循环体系。依托水资源禀赋条件，坚持量水而行，大力推进产业结构调整，优先发展节水、绿色、低碳、循环经济，努力实现自然文明、用水文明、管理文明和意识文明的目标。加快宜居宜游城市建设步伐，努力把张掖打造成河西走廊乃至西北地区的"绿色名片"。

（本文作者为张掖市水务局总工程师）

黑水河·黑水国·黑水城

——黑河水文化随笔

张建铭

    多年前一个阳光惨白的午后，我沿着312国道前往甘州城西15公里处一个名叫下崖村的地方，独自探访张掖黑水国遗址。没有明显的路牌标识，周围少见人迹，几经打问并由一个牧羊人指点，进入一片草木环绕的沙陵，入口处有一砖砌矮墙标识：黑水国古城。登上一处残垣眺望，断断续续的土夯墙垣、拥积在墙体周围的黄沙，围成一个长方形的城池，城外是低矮的沙丘，城内空无一物，不见任何建筑形迹，也没有发现考古学家所说的汉砖唐瓦、石器陶片，脚下偶有破碎的瓷片和砖头，似乎都是现代弃物。千年岁月的涤荡，把一切都沉积于地下、掩埋在黄沙中，只剩留几处风剥雨蚀的残垣断壁，静静地昭示着历史的过往和沧桑的变迁。夕阳西下，晚风掠起墙脊的细沙，几只乌鸦盘旋聒噪，使这里更显破败和苍凉。"吴宫花草埋幽径，晋代衣冠成古丘""旧时王谢堂前燕，飞入寻常百姓家"，脑海里回响的这些诗句，成为我当时探访黑水国遗

址时仅有的、也是最平常不过的怀古感慨。

　　近年来从事水务工作，行走在山水林田，驻足于黑河之滨，寻查水源孕育的草甸湿地，攀登水流滥觞的冰川雪原，蜿蜒于九曲回肠的高山峡谷间，迷离于苇溪遍布、田麦茫茫的绿洲烟云，徘徊在干旱缺水、荒芜苍凉的不毛之地，怅然于日见干涸的沙漠海子，失落于销形无迹的河流尾闾，渐渐对生命之源、自然之道、历史演绎、文明兴亡，有了不同于以往的认知和感悟。

黑河上游深峡平湖　　　　　　　　　（脱兴福　摄）

　　记得多年前曾因黑河写意抒情，似乎很诗意地起笔："弱水三千出祁连，北走千里入居延。黑河，是巍巍祁连飘逸灵动的蓝丝带，是千里河西养精蓄锐的生命线，是张掖绿洲和额济纳绿洲生生不息的母亲河……"现在想来，觉得当时很是浅浮。真正的生活，不是一时兴起的诗意和远方，一条淌过千年万年的河流，也绝不会只是文人墨客笔下的水墨画和抒情诗。

当我以敬畏、爱恋和悲悯的目光，真切地关注黑河、走近黑河、深入黑河，真切地感受它源头上冰川雄踞的凛冽寒风、春潮初泛的融融暖意，高山峡谷迂回穿行的坚毅倔强，田野平畴汩汩潺潺的默默柔情，河床干涸、城垣荒废的苍凉无奈，伏地潜流、循环回升的隐忍气度，迂回戈壁荒滩、浸润大漠草木的母性胸怀，蒸腾挥发、平静消散的轮回禅意，以及它见证兴废替代，看惯贫富变迁，消弭攻掠杀伐的尘烟，湮散成王败寇的足迹，静观秋月春风，穿越历史、过滤岁月、平定世事的沉稳厚重……这一切，无不涤荡着我的浅薄，消解着我的无知，让我重新审识水之于生命生态、之于生产生活、之于文化文明的血脉渊源和哲学意义。

当我穿过黑河西岸，寻着水流早已改道、而今荒芜散漫的河滩，再次走进黑水国遗址，似乎在这张斑驳残破的画页上发现了一方模糊的水印，隐约找到了黑水国几度兴衰起落的根源。据考古发掘研究和有关史料记载，张掖黑水国可能经历过三次兴废起落，最早大约在新石器时代，距今4000年左右，第一批先民在这里开发生活，约500年之后弃城离去。春秋战国至秦汉，月氏、匈奴等游牧民族先后占据此地，西汉霍去病出陇西征小月氏"攻祁连山，扬武于觻得"，汉王朝设郡张掖，可能就在黑水国，且当时称名为"觻得"。觻得城的东面是屋兰城（今甘州碱滩东），南面是祁连城（今民乐永固），三座城池形成一个"品"形布局，成为黑河中游的扼要城塞，控制着水草丰美的千里绿洲，也自然成为各路氏族觊觎争夺的焦点。魏晋南北朝时期，大小军阀逐鹿河西，吕光即位三河王，段业据郡称凉王，沮渠蒙逊建北凉，沮渠万年称张掖王，都曾在黑水国一带斗勇斗智、扬威显能。隋朝前期张掖郡治迁

至今址，黑水国沦为墓葬区，经历了第二次败落。唐代以后，黑水国被再度开发，但却失去了郡城、县治的原有光华，仅仅作为甘州城西的一处驿站，沿用至西夏、元、明，直到清代被彻底废弃。

研究者们无法给出黑水国几度兴衰的明确答案，但我们可以根据一座城池兴废的常理和黑水国在黑河之滨占据的地理位置，推想它起落兴亡的大致缘由。先民们最早在这里选址定居，首先一定是缘于这一带有便利的水源、宜耕宜牧的地势。据民间传说，在很久以前，黑水国一带是一望无际的沼泽湖泊，随着沧桑变幻，湖泊逐渐干涸，形成水草丰茂的平川，肥沃的黑土得益于近旁黑水河的浸灌，一个名叫"月氏"的民族来到这里，屯田修城，取名黑水国。后来一拨"黑匈"势力渐盛，赶走了月氏人并扩建城池，匈奴人的皮肤黝黑，平原的土地油黑，水流的色泽发黑，所以成为名符其实的"黑水国"。这在一些史料的零星记载中也可得到佐证。《尚书·禹贡》载雍州之域为西戎氏之故墟，古弱水、居延海一带属雍州，是氏羌、乌孙、月氏、匈奴等西戎诸族的活动范围，春秋战国时期月氏强大，居敦煌、祁连间，控兵十多万，《史记·匈奴列传》关于秦时匈奴子冒顿被其父头曼单于遣送月氏当人质、后逃回杀父自立、发兵报仇大破月氏等记载，可与民间传说相印证。《汉书·霍去病传》记述骠骑将军霍去病出征河西，过焉支山缴收了匈奴休屠王的祭天金人，俘获了他的太子，致使匈奴内部分裂、浑邪王杀休屠王降汉，后来再次在黑水国一带大破匈奴，并乘胜追击至狼居胥山（今蒙古境内）设坛祭天。其后汉王朝在张掖设郡，虽暂时掌控了黑水国，但这里得天独厚的便利优势，必然引起为生存和占有而进行的不断

228

争夺，匈奴、乌孙、氐羌多次寇犯，黑水国一直未曾安宁平静。或许是经历了太多的攻掠杀伐，鬻得城已经千疮百孔、疲惫不堪；或许是遭受了汉代及后来王朝移民屯边的大规模开发，水源及生态环境无法承载过重的负担；或许是引水开发能力有限而人为扰动加剧，周边生态植被破坏，无法抵御风沙的侵袭；或许是流经此处的黑河主干或支流，因一次特大洪流而改道变向、河床东移，黑水国失去了稳定的水源保障；也或许是某次特大洪流决坝入城，黑水国遭受了空前的水患；还可能如《甘州府志》所记明代吐鲁番真帖木儿、满速儿弟兄有吞噬甘州之意，发现"老人坝水可决以灌甘州"，这样借水攻城的战事或许在五胡十六国时期已经发生……总之，隋代以后黑水国风光不再，经过了唐、宋、元、明的冷落萧条，直至清代彻底湮灭。

兴之以水、盛于绿洲、占据要塞的黑水国，经历过攻伐抢掠的劫难，听闻过杀声震天的呐喊，遭受过箭镞的击射和火石的熏燃，也见识过改旗易帜的热闹，拜受过汉家天子的布诰，辨认过西夏国难识的文字，忍受过饥馑之苦、旱涝风波，体味过郡县迁址的落寞……无论是残酷的战火兵燹，还是改朝换代及政治运动，都不可能使一座塞外城池完全沦落，让黑水国彻底消亡的，只有一个根本因素：水。攻伐沦陷了，可以再修；战火焚烧了，可以再建；政事变化了，只能变更形制规模。而一旦旱涝成灾，生态改变，生存环境恶化，人们就不得不弃舍变迁，无论它关居要塞，还是曾经多么辉煌。

走出黑水国，沿着黑河西下北走，来到大禹开凿石壁"泻流沙于西隅，决弱水于北漠"的正义峡。登临荒山之巅，徜徉悬河索道，追寻治水巨人的足迹，感受先祖开山拓土的气魄，

倾听黑河洄漩峡谷的呜咽和流泻下游的欢畅，恍然间，我仿佛置身盘古开天辟地的鸿蒙时代，共工怒触不周山天崩地裂、洪水泛滥的惊心场面，女娲造船救人、炼石补天的蛇曲身影，诺亚方舟在上帝制造的茫茫洪流中孤独地漂移，大地的震撼者——水神波塞顿从爱琴海辉煌的宫殿出巡，乘着金鬃铜蹄骏马云车在水域中穿行……这些神秘而浪漫的神话传说，在高山峡谷的空旷邈远中魔幻般演绎，让人对水的洪荒之力、催生一切也能毁灭一切的至善至烈，生发无限的敬畏和感佩。

穿过正义峡，黑河进入巴丹吉林沙漠，如果在高空俯瞰，便能更加真切地体味它渺渺一线穿南北的苍茫、曲折逶迤回环行的艰难。到了额济纳，傍近河滨的，是八道河的波映胡杨，路道边的水润红柳，苏泊淖尔（东居延海）的波光粼粼；远离黑河的，是怪树林的枯亡狰狞，黑水城的沙掩残垣，西居延海的荒漫苍凉。有水则生机勃勃、无水则死气沉沉的对比，在这里体现得如此强烈。

仍是云烟淡淡的黄昏，我走出额济纳旗镇，沿着沙砾中淡淡的辙痕，穿过枯枝萎地的怪树林，走进孤独落寞的黑水城遗址。

怪树林，是一片失去水源而死亡枯萎的胡杨林。曾经，像额济纳胡杨街的景致一样，它们枝干遒劲、叶脉流金、风华绝世、醉美游人，而今，却干枯萎缩，形销骨立，或在痛苦中挣扎，或在绝望里匍匐，在漠风荒沙中如泣如诉，仿佛强烈地表达着对生的期盼、对水的渴望……

黑水城，是黑河流域及丝绸之路北方保存比较完整的古城遗址。这里因黑河水流归纳聚集，古时候湖泊密布，林草丰茂，仅古居延海就有700多平方公里的浩大水面，在新石器时代就有人类居住、繁衍。相关史料记载，黑水城始建于西夏时期，西夏王朝在这里设置"黑水镇燕军司"，它东西南三面临水，北走岭北、西抵新疆、南通河西、东往银川，成为居延海一带最为热闹繁华的地方。成吉思汗征伐西夏，首先攻克了黑水城，随后，一个创造了神秘文字、充盈着神秘传说的北方王国——西夏王朝终结消失。如今城外半掩于沙土的遍地碎骨，应是这场血战的存留物证。之后忽必烈扩建黑水城，设置"亦集乃路总管府"，并且管辖西宁、山丹等地州，成为元朝在西部地区的军事、政治、文化中心。让这座繁华的城都沦落消亡的，是元末明初一场战争引发的水旱之灾。明朝大将冯胜率军围攻黑水城，久攻不下，便将城边的黑河筑坝截流，导致城内水源干涸，元军被迫弃城突围。而筑坝断水导致河流改道，黑水城周边沙漠蔓延，一座城池的命运就此改变。一座人欢马叫

黑城遗址

的北方集镇，一下子变成了白骨累累、死寂无人的鬼城，此后经年黄沙漫掩，变成荒垣废墟，一个曾经叱咤半个星球、铁骑踏遍亚欧大陆的强大王朝，自此灰飞烟灭，消散在历史的长河。

关于黑水城的消亡，当地还有一个神秘的传说：隋朝大将韩世龙驻守此城，有一日天气十分沉闷，一位白发老人背着枣梨筐在城内来回疾走，并高声喊叫："枣梨！枣梨！"但却要价很高，似乎没有诚心要卖的意思，天黑之后，白发老人不知去向。人们心里犯疑，韩世龙也觉得十分蹊跷，苦苦思索之后恍然大悟：枣梨——早离，天象怪异，莫不是让我们趁早离开？于是带领全城军民离开了黑水城。果然，人们离开不久，狂风大作，沙石滚滚，很快吞没了整座城池……当然，这仅仅是一个民间传说，风沙掩埋一座城市，一般不会是一朝一夕，往往需要一个长期侵蚀弥漫的过程，史料记载、考古研究和建筑遗存也表明，黑水城的遗弃，至少在元代之后，不会在之前的隋代。而有一点却十分明了：无论是战争引起的筑坝断流，还是传说中的风沙掩埋，根本的因素都是黑水城断水失水，风沙侵蚀，没有了继续生存的条件。

登上城垣静坐墙头，大漠中的夕阳散发着迷离的晕光，至今形体完整、默默耸立的宝瓶形佛塔，依旧肃穆、庄严，长长的影子映散在沙滩，又呈现出无限的孤独、空寂。黑水城，这座丝绸之路上曾经兵戈扬威、商贾云集、佛教盛行、民族融合的塞北古城，就这样静静地展示着厚重的历史、辉煌的过往，昭示着沧桑的变迁、命运的无奈……

因水而兴，因水而衰，黑水国、黑水城，在黑水河的中游和下游各自演绎了一个因果轮回，也宣示了水与万物、人与自然兴亡相依、同生共存的天地大道。毁灭一座城市，破坏一处环境，对一个群体或某一个体来说，既是赖以生存的家园的丧失，更是记忆的迷失、精神的流放，也即是某种文化的消逝和文明的沦落。大自然生成一处温润适宜、万物和谐的优美环境，需要成千上万年的演化修复；人类建设一座形制完备、功能齐全、文化元素丰富、历史积累深厚的美丽城市，也需要数辈人的筚路蓝缕、上千年的苦心经营。然而，我们人类又往往深陷于欲望的沟壑，永无止境，永不满足，不仅相互之间争夺、抢掠、倾轧、杀伐，而且鼠目寸光、杀鸡取卵，或焚山毁林，或掘水断源，或毫无节制地乱砍滥伐，肆意破坏和污染赖以生存的自然环境，自断经脉，自掘坟墓，常常把大自然馈赠的宜居环境和自身积累的文明成果毁于一旦，斩断赖以壮大的根须，撕裂持续繁衍的经脉，循环上演破国败家、文脉断流、艺术沦丧、文明衰落、一切重新开始的悲剧。这样的悲剧，小小的黑河流域几度发生，黄河、长江流域不停上演（所幸的是中华文明的香火历难不灭、得以延续），而两河流域（底格里斯河和幼发拉底河）的古巴比伦、尼罗河流域的古埃及、印度河流域的哈拉帕文化，除有种子流布传播，其耀眼的辉煌则玉殒香消，彻底湮没于历史的尘埃。这些文明的兴盛和衰落，经历和原因也大致相近：得天独厚的水流资源，肥沃广阔的土地资源，冷暖适宜的气候条件，农业文明的崛起发达，不断的外族入侵和连续的内部争夺，人口的迅猛增长和城市的不断扩张，河流水源区森林草木的砍伐侵蚀，无休无止的垦耕，过度的放牧，水土流失加剧，水旱灾害频发，风沙逐渐侵袭，最终使肥沃的土地变成了荒漠……这些人类文明的发祥地，留给子孙的至今仍是一片片不毛之地。我们的楼兰古国，地处丝绸之

路咽喉，毗邻烟波浩渺的罗布泊，曾经清流绕城，碧波泛舟，林木繁茂，同样是不断的战争侵扰、过度的垦种，人为破坏了大自然的生态平衡，致使塔里木河和孔雀河改道，楼兰水源枯竭，罗布泊干涸，变成了荒无人烟、干旱燥热的"死亡之海"。

时至现代，战争的硝烟还没有散尽，而人类对自然的暴力却空前加剧，毁山填海、拦河筑坝、开采掠伐的强大功能，让大地震颤、蓝天失色、绿水变颜。上世纪比利时马斯河谷大气污染，英国伦敦烟雾，美国洛杉矶光化学污染、多诺拉烟尘，日本哮喘病、水俣病、骨痛病事件，苏联切尔诺贝利核事故，等等，都是现代工业科技带来的切肤之痛，也是大自然对人类滥行的报复和警示。

我又想起关于创世的中外神话。天地开辟之初，大地上并没有人类，东方始祖女娲用黄土掺水和泥，捏团造人，干到精疲力竭之时，拿起绳子投入泥浆，抽起绳子甩落地上，洒下的泥浆就变成了一个个小人。西方《圣经》中的伊甸园，是一个河流蜿蜒、河水清洁的美丽花园，从中分流出四道水，分别成为比逊河、基训河、底格里斯河和幼发拉底河，而前两道河据说就是后来的印度河和尼罗河。这两则中西方不同的人类起源传说，似乎都传达了一个共同的隐喻：女娲黄土和泥造人离不开水，孕育生命的伊甸园离不开河流，生命与水不可分割，万物与河流共同依存，文明的生发依赖于水源的滋养。从这里出发，在历史的长河中钩沉，在现实的碰撞中领悟，我们可以追寻到"水是生命之源、生产之要、生态之基"的真谛。

生态兴则文明兴，生态衰则文明衰。汲取历史的教训，走近河流森林，抚摸山川的疤痕，感受自然的伤痛，我们才能更

祁连山下好风光 （高学军 摄）

深切地领会到，"既要绿水青山，也要金山银山，宁要绿水青山，不要金山银山，而且绿水青山就是金山银山"绝不是空泛的说教和时尚的口号，实在是民族兴盛的大义、国家发展的经略、文明传承光大的至要。

（本文作者为张掖市节水办副主任）

湿地成家园　候鸟也"乡愁"

——张掖黑河湿地重生之路

李剑宇　段　海

　　数九寒天，张掖黑河湿地迎来了大批越冬候鸟，仅大天鹅数量就在千只以上。晴朗的天空下,金黄的芦苇荡中,成群的大天鹅、灰鹤、黑鹳等候鸟在湛蓝的湖面上翱翔,构成张掖寒冬时节色彩艳丽的风光画卷。

家园　　　　　　　　　　　　　　（李剑宇　摄）

张掖黑河湿地是全球8条候鸟迁徙通道之一的中亚通道的中转站和停歇地，也是我国候鸟三大迁徙的西部路线之一和黑鹳、遗鸥、白琵鹭、大天鹅等珍稀鸟类的繁殖地。

俯瞰张掖湿地 　　　　　　　　（李剑宇　摄）

"不望祁连山顶雪，错将张掖认江南。"曾经是诗人笔下的张掖，长期以来，由于耕地占用湿地、超负荷开采地下水、过度放牧，使得黑河湿地的生态环境越来越恶劣，候鸟数量也越来越少。

近年来，张掖市通过拆建还湿、退耕还湿、恢复植被、植树造林等措施，让湿地生态环境得到改善，远去的候鸟又回来了。当地群众逐渐也从"靠山吃山，靠水吃水"转变为"靠山养山，靠水养水"，从过去的"要我保护湿地"到现在的"我要保护湿地"，人人都在为守护这片美丽的净土做着自己的努力。目前，张掖黑河湿地已被国际湿地公约组织正式列为全球第八批国际重要湿地名录，成为我国第47块国际重要湿地。

随着张掖黑河湿地生态环境的逐年好转，像黑鹳等一些珍稀鸟类，已从以往的"候鸟"变为了"留鸟"。

每年6月到9月份，它们在张掖黑河湿地国家级自然保护区繁衍生息。2017年6月份，我们就在这里见证了一对黑翅长腿鹬和燕鸥的繁殖过程。黑翅长腿鹬的腿超过身长的两倍，站立时亭亭玉立，走起来姿态优雅，它们有一个美丽的别名——红腿娘子。由于现在保护区的人类活动点都被拆除，少了喧嚣和干扰，长腿鹬夫妇和兄弟姐妹不约而同地把这里作为孕育爱情结晶的温馨家园。

它们喜欢在芦苇丛生的小土岛上安营扎寨，用沙子、泥土、柴草等筑造一个浅盘状、略有凹度的巢，这样有利于卵的集中。

我们见到的这对长腿鹬夫妇和绝大多数姐妹一样产了4枚卵。它们的卵有黑褐色的斑点，在繁殖环境中是天然的伪装。这是它们在长期进化过程中形成的躲避天敌的手段之一。

这些长腿鹬是很尽职的父母，雌、雄鸟轮流孵卵。其间如遇干扰，旋即起飞到干扰者头顶上空盘旋、鸣叫，或时飞时落，引诱干扰者离开，甚至会将自己的粪便作为武器袭击干扰者。干扰因素消失后，它们先落在距巢几十米的地方静立观望，确认没有危险后，才向巢慢慢走去。

与此同时，长腿鹬夫妇的邻居——燕鸥也在忙着孕育新生命。在这座小土岛上，燕鸥在数量上占有绝对优势。

18天后，长腿鹬夫妇的宝宝呼吸到了保护区第一缕充满诱惑的空气，第一次睁开眼睛打量这个世界。爸爸妈妈会及时清理破碎的蛋壳，因为蛋壳的内壁是耀眼的纯白色，容易引来天敌。

　　长腿鹬夫妇的宝宝天赋异禀，刚出壳就会爬行，几小时后就能行走、游泳。人们经常感叹生命的脆弱，此刻，却惊人地发现，生命力原来如此强大。

　　长腿鹬宝宝的新生活并不总是晴天丽日，风雨说来就来。每当这种时候，妈妈的怀抱就是最安全、最温馨的港湾。

　　长腿鹬宝宝羽毛的颜色也是和环境一样的保护色，腿也并非像爸爸妈妈一样是鲜艳的红色。只有它们足够强大时，才会长成爸爸妈妈的样子。

　　当小长腿鹬在湿地上撒欢儿的时候，刚出生不久的燕鸥三兄妹也在爸爸妈妈的庇护下无忧无虑地在水边踱步，一个崭新的世界正等着它们去探索。

　　……

　　这里，除了长腿鹬家庭、燕鸥家庭外，还有凤头䴙䴘家庭、白骨顶家庭、红头鸭家庭……大家都在这个浪漫的季节里添丁进口，整个湿地一片生机勃勃的景象。

夕阳西下　　　　　　　　　　　（李剑宇　摄）

　　它们大多是春天就要迁飞的候鸟，由于迷恋这片湿地，而改变了自己多年的习性，变成了留鸟。随着黑河流域生态环境的恢复、修复，这里的水会更绿、草会更茂，水生动、植物会更多。

　　明年的这个季节，将会有更多的新生命在这里诞生。

　　（作者单位:张掖市广播电视台李剑宇，高台县广播电视台段海）

航天城四季断想

秦　芳

　　除了脚印，什么也不要留下；除了记忆，什么也不要带走。

——题记

水墨的春

　　春天来了，泥土苏醒过来，航天城的春天充满着跳跃感。不同于烟雨江南的桃粉梨白，"草色遥看近却无"的句子放在航天城就是柳色。昔我往矣，杨柳依依，杨柳是古时告别的信物，航天城的杨柳却是活泼泼的报春使者。

　　3月下旬，馒头柳积攒起一冬的力量，用丰富的汁液柔软了枝条，把鹅黄染上自己的树梢，紫红的芽苞悄悄变幻着颜色，没几天它绽出的嫩绿会突然跃入你的眼帘，这时候其他树木才惊醒似的纷纷露出绿色的衣袖，鹅黄、浅绿、深绿，一块块的颜色迅速占领视野，蔓延在航天城大大小小的道路两旁，衬得天更蓝空气更清新，邮局后院几株桃树犹如邻家女孩，春

春　东风航天城

尽头始放芳菲，美而无言，脉脉动人。煦日里，杨柳风吹面不寒，行人换上浅浅的春装，骑单车的孩子结伴而行。运动场上空风筝飘飞，高高低低，软线系起快乐的希望。

绿色是春天最美的色彩，在经历长久的积蓄酝酿后，泼出了一个生机盎然的春天。

静物的夏

航天城的夏天是一种亮透了的蓝色调。

修河堤之前，河水清浅，没得过脚面，小鱼游戏水中。下午五六点钟，蓝天高远纯净，北山如黛，自然公园边有一处平静的水面，倒映出河岸的树木，风景如画仿佛时间停止，让你相看两不厌。匆匆忙忙吃罢晚饭，忙碌了一天的大人带着孩子来到河边，踢掉鞋子，踩在沙上，开始细致的足底按摩，趟进水里，白天的余热还未散尽，温和放松的感觉自脚升起。小设计师们立即投入工程建设中，顺着水流的方向，他们开始挖分流渠、修水坝、筑沙堡，仿制一个小九曲黄河，你会惊讶于他们辛勤的劳动成果，感叹着他们大胆的想象和充沛的体力，细沙任由创造，快乐俯拾皆是。近几年，黑河治理工程建设紧锣密鼓，修理了河堤，新建了飞天公园，从银荷之光过航天纪念塔到神舟友谊大桥，绿草如茵，曲流回转，人们又多了个消夏的好去处。

夏　东风航天城飞天湖　　　　　（李玉建　摄）

夜色里体育馆内亮白如昼,向南边的天望去,天幕幽蓝,星子闪烁,圆月探过树梢,街道充溢着热闹之后的安静祥和气息。渐渐地,夜深了,人静了,航天城缓缓睡去了。

油画的秋

航天城最为人熟知的一道风景是秋天的胡杨林,它和发射塔架一样出现在许多图片上。

秋 胡杨林 （李玉建 摄）

自中亚一带绵延至居延海生长的胡杨,号称千年不死千年不倒千年不朽,它那粗糙的枝干、皲裂的树皮、遒劲苍凉的姿态,瞬时把人带入金戈铁马鼓角争鸣的冷兵器时代,让你放纵臆想:帅旗猎猎,正值沙场秋点兵,鞭梢指处,人喊马嘶,蹄声踏破弱水河畔的宁静……当时士兵们就是从这片胡杨林边走过的吧。又过了多少年,多少人来来往往经过这儿,胡杨依旧。

10月长假一过,胡杨彻底释放出太阳赋予的颜色,毫不吝惜地大把大把挥霍着金黄,叶片通体变黄,亮闪闪明晃晃呈现出金属的色泽,绚烂至极。十天左右的时间很短暂,有许多摄影爱好者会赶去额旗参加胡杨节，为的就是不错过与胡杨的约会，把这斑斓的色彩、别样的风景定格在画面里。

谁还会说熟悉的地方没有风景？

素描的冬

哪种绘画形式能够描述航天城的冬天？独钓寒江雪是一种写意的冬天，天寒红叶稀是一种版画的冬天，雪上空留马行处是一种素描的冬天。细细想来最贴切的还是素描的冬。

送老兵离队的那天，很冷，却意外地遇上了不多见的雾凇。柳树、松树、榆树、槐树，全都银装素裹，绮丽迷人。映着灰的天，衬着深的路，简单的黑、白、灰色调，疏朗的几笔勾勒，随性描出冬的简约景致。

少了雪，航天城冬天的印象也不那么深刻。

冬　东风航天城飞天湖　　　　　　　（张晓娟　摄）

　　这里的人却充满着扮靓生活的热情。航天城特有的过年节目是年初一的焰火晚会和礼堂前面的灯展，每年都举办，大家也爱和往年的做比较。记得有一年，公安局门口造了一座冰斜坡，家在哈尔滨的朋友说规模太小，和东北的冰雪大世界没法比，可晚上还是有好多人玩。孩子们乐此不疲，一趟趟地爬上滑下。一个中尉领着一帮战士从上面滑下来，冲下来在笑，摔倒了也在笑，嘻嘻哈哈忘记了年龄，更像是一群小伙伴。

　　早有人说过了，重要的不是生活在哪儿，而是和谁生活在一起。

　　（作者单位为中国酒泉卫星发射中心）

采访图絮

黑河流域管理局局长刘钢向采访组介绍黑河水量调度情况

媒体记者在黑河中游灌区采访　　　　（高学军　摄）

采访义务治沙老人苏和

和谐　　　　　　　（董瑞　摄）

采访张掖市水务局负责人

考察草滩庄水利枢纽

了解种植结构调整对张掖市种植户的影响

采访金塔县水务局负责人

考察金塔县节水灌溉工程

中科院寒旱所专家接受采访

考察中科院寒旱所荒漠生态水文实验研究站

与额济纳胡杨林保护区义务护林老人合影留念

中央电视台记者采访额济纳旗当地牧民

与阿拉善盟行署工作人员座谈

黄河电视台采访额济纳旗水务局工作人员

黑河调水生态行——中央主流媒体实地采访

（本书中未署名图片由"黑河调水生态行"采访组和黑河流域管理局提供）